中国中药资源大典
——中药材系列
中药材生产加工适宜技术丛书
中药材产业扶贫计划

银柴胡生产加工适宜技术

总 主 编　黄璐琦
主　　编　赵云生　彭　励

中国健康传媒集团
中国医药科技出版社

内容提要

《中药材生产加工适宜技术丛书》以全国第四次中药资源普查工作为抓手，系统整理我国中药材栽培加工的传统及特色技术，旨在科学指导、普及中药材种植及产地加工，规范中药材种植产业。本书为银柴胡生产加工适宜技术，包括：概述、银柴胡药用资源、银柴胡种植技术、银柴胡采收与产地加工、银柴胡药材质量评价、银柴胡现代研究与应用、银柴胡开发与发展等内容。本书适合中药种植户及中药材生产加工企业参考使用。

图书在版编目（CIP）数据

银柴胡生产加工适宜技术 / 赵云生，彭励主编 . — 北京：中国医药科技出版社，2018.12

（中国中药资源大典 . 中药材系列 . 中药材生产加工适宜技术丛书）

ISBN 978-7-5214-0674-0

Ⅰ . ①银… Ⅱ . ①赵… ②彭… Ⅲ . ①银柴胡－栽培技术 ②银柴胡－中草药加工 Ⅳ . ① S567.23

中国版本图书馆 CIP 数据核字（2019）第 010906 号

美术编辑 陈君杞
版式设计 锋尚设计

出版 **中国健康传媒集团** | 中国医药科技出版社
地址 北京市海淀区文慧园北路甲 22 号
邮编 100082
电话 发行：010-62227427 邮购：010-62236938
网址 www.cmstp.com
规格 710×1000mm $^{1}/_{16}$
印张 7$^{3}/_{4}$
字数 68 千字
版次 2018 年 12 月第 1 版
印次 2018 年 12 月第 1 次印刷
印刷 北京盛通印刷股份有限公司
经销 全国各地新华书店
书号 ISBN 978-7-5214-0674-0
定价 32.00 元

中药材生产加工适宜技术丛书

—— 编委会 ——

—— 本书编委会 ——

主　　编　赵云生　彭　励

编写人员　（按姓氏笔画排序）

马伟宝（宁夏大学生命科学学院）

白长财（宁夏医科大学药学院）

李海洋（宁夏同心县预旺农业服务中心）

犹　卫（宁夏大学化学化工学院）

陈宏灏（宁夏农林科学院植物保护研究所）

赵云生（宁夏医科大学药学院）

赵启鹏（宁夏医科大学药学院）

高晓娟（宁夏医科大学药学院）

彭　励（宁夏大学生命科学学院）

序

我国是最早开始药用植物人工栽培的国家，中药材使用栽培历史悠久。目前，中药材生产技术较为成熟的品种有200余种。我国劳动人民在长期实践中积累了丰富的中药种植管理经验，形成了一系列实用、有特色的栽培加工方法。这些源于民间、简单实用的中药材生产加工适宜技术，被药农广泛接受。这些技术多为实践中的有效经验，经过长期实践，兼具经济性和可操作性，也带有鲜明的地方特色，是中药资源发展的宝贵财富和有力支撑。

基层中药材生产加工适宜技术也存在技术水平、操作规范、生产效果参差不齐问题，研究基础也较薄弱；受限于信息渠道相对闭塞，技术交流和推广不广泛，效率和效益也不很高。这些问题导致许多中药材生产加工技术只在较小范围内使用，不利于价值发挥，也不利于技术提升。因此，中药材生产加工适宜技术的收集、汇总工作显得更加重要，并且需要搭建沟通、传播平台，引入科研力量，结合现代科学技术手段，开展适宜技术研究论证与开发升级，在此基础上进行推广，使其优势技术得到充分的发挥与应用。

《中药材生产加工适宜技术》系列丛书正是在这样的背景下组织编撰的。该书以我院中药资源中心专家为主体，他们以中药资源动态监测信息和技术服务体系的工作为基础，编写整理了百余种常用大宗中药材的生产加工适宜技术。全书从中药材的种植、采收、加工等方面进行介绍，指导中药材生产，旨在促进中药资源的可持续发展，提高中药资源利用效率，保护生物多样性和生态环境，推进生态文明建设。

丛书的出版有利于促进中药种植技术的提升，对改善中药材的生产方式，促进中药资源产业发展，促进中药材规范化种植，提升中药材质量具有指导意义。本书适合中药栽培专业学生及基层药农阅读，也希望编写组广泛听取吸纳药农宝贵经验，不断丰富技术内容。

书将付梓，先睹为悦，谨以上言，以斯充序。

中国中医科学院 院长

中 国 工 程 院 院士 张伯礼

丁酉秋于东直门

总 前 言

中药材是中医药事业传承和发展的物质基础，是关系国计民生的战略性资源。中药材保护和发展得到了党中央、国务院的高度重视，一系列促进中药材发展的法律规划的颁布，如《中华人民共和国中医药法》的颁布，为野生资源保护和中药材规范化种植养殖提供了法律依据；《中医药发展战略规划纲要（2016—2030年）》提出推进“中药材规范化种植养殖”战略布局；《中药材保护和发展规划（2015—2020年）》对我国中药材资源保护和中药材产业发展进行了全面部署。

中药材生产和加工是中药产业发展的“第一关”，对保证中药供给和质量安全起着最为关键的作用。影响中药材质量的问题也最为复杂，存在种源、环境因子、种植技术、加工工艺等多个环节影响，是我国中医药管理的重点和难点。多数中药材规模化种植历史不超过30年，所积累的生产经验和研究资料严重不足。中药材科学种植还需要大量的研究和长期的实践。

中药材质量上存在特殊性，不能单纯考虑产量问题，不能简单复制农业经验。中药材生产必须强调道地药材，需要优良的品种遗传，特定的生态环境条件和适宜的栽培加工技术。为了推动中药材生产现代化，我与我的团队承担了农业部现代农业产业技术体系“中药材产业技术体系”建设任务。结合国家中医药管理局建立的全国中药资源动态监测体系，致力于收集、整理中药材生产加工适宜技术。这些适宜技术限于信息沟通渠道闭塞，并未能得到很好的推广和应用。

本丛书在第四次全国中药资源普查试点工作的基础下，历时三年，从药用资源分布、栽培技术、特色适宜技术、药材质量、现代应用与研究五个方面系统收集、整理了近百个品种全国范围内二十年来的生产加工适宜技术。这些适宜技术多源于基层，简单实用、被老百姓广泛接受，且经过长期实践、能够充分利用土地或其他资源。一些适宜技术尤其适用于经济欠发达的偏远地区和生态脆弱区的中药材栽培，这些地方农民收入来源较少，适宜技术推广有助于该地区实现精准扶贫。一些适宜技术提供了中药材生产的机械化解决方案，或者解决珍稀濒危资源繁育问题，为中药资源绿色可持续发展提供技术支持。

本套丛书以品种分册，参与编写的作者均为第四次全国中药资源普查中各省中药原料质量监测和技术服务中心的主任或一线专家、具有丰富种植经验的中药农业专家。在编写过程中，专家们查阅大量文献资料结合普查及自身经验，几经会议讨论，数易其稿。书稿完成后，我们又组织药用植物专家、农学家对书中所涉及植物分类检索表、农业病虫害及用药等内容进行审核确定，最终形成《中药材生产加工适宜技术》系列丛书。

在此，感谢各承担单位和审稿专家严谨、认真的工作，使得本套丛书最终付梓。希望本套丛书的出版，能对正在进行中药农业生产的地区及从业人员，有一些切实的参考价值；对规范和建立统一的中药材种植、采收、加工及检验的质量标准有一点实际的推动。

2017年11月24日

前　言

中医药产业是我国优势的传统产业，中药材是中医药产业发展的物质基础，也是中医药体系中产业链最重要的一环。我国中药资源优势突出，全国中药材种植面积超过5000多万亩，栽培品种达200多种，中药材生产基地达600多个，基本形成了以中药材种植养殖、产地初加工和专业市场为主要环节的中药材产业，并呈现出持续发展的良好态势。

近年来，我国高度重视中药材产业的发展，从2009年《国务院关于扶持和促进中医药事业发展的若干意见》，到2013年《关于进一步加强中药材管理的通知》，到2015年《中药材保护和发展规划（2015—2020年）》和《中医药健康服务发展规划（2015—2020年）》，再到2016年《中医药发展战略规划纲要（2016—2030年）》，资金扶持超过5个亿，中医药产业的发展迎来良好的发展时期。

中医药产业发展的始端源于药材的种植，中药材生产规范化是中药产业现代化发展的基础和关键。目前，我国中药材种植主要以个体农户为主，中药材种植户负责中药材种植的全过程，存在个体分散，种植模式粗放，中药材生产加工经验和技术缺乏，科研成果转化薄弱等问题，导致了我国中药材质量整体

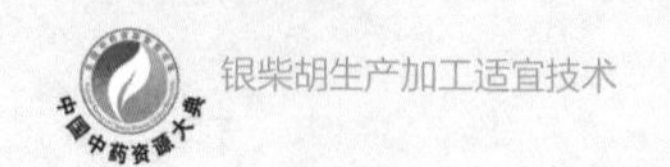

较差、生产规模小、产业集中度低、市场控制力差等问题，严重制约了我国中药材产业的发展。为了产业的长远发展，要加强对中药材种植养殖的科学引导，以市场需求为导向，科学规划，合理发展生产，加强中药材发展的领导和管理机制，制定相关保护和扶持政策，推动产业从传统化向现代化、新型化发展。

为紧跟政策导向、社会所需，我们编写了《中药材生产加工适宜技术丛书》系列之《银柴胡生产加工适宜技术》。本书总共分为六章，详细介绍了银柴胡的生物学特性、地理分布、适宜种植技术、良种繁育、采收与加工技术、质量评价、化学成分与药理作用、产品开发及应用等。本书基于实际生产过程和最新科研成果编撰而成，符合中药材规范化种植的要求，对于保护银柴胡资源的可持续发展，同时对指导药农进行生产具有实际的指导意义。

本书的编写得到了宁夏大学、宁夏医科大学与宁夏同心县预旺农业服务中心的各位老师的鼎力支持；书中还参考了一些研究者的科研成果，在此一并表示感谢。

鉴于时间仓促和编者水平、经验有限，书中不妥之处在所难免，真诚希望广大读者提出宝贵意见，以便今后修订。

编者

2018年10月

目 录

第1章

概　述

银柴胡*Stellaria dichotoma* L. var. *lanceolata* Bge. 为石竹科繁缕属多年生草本植物。我国银柴胡野生资源主要生长于土地贫瘠的干旱荒漠地区，多零星分布，自然资源稀少，分布区域狭窄，主要分布于宁夏、陕西、内蒙古、甘肃、辽宁等地，蒙古、俄罗斯等国家也有分布。宁夏主要分布于平罗、同心、彭阳、盐池、灵武、中卫等地。内蒙古主要分布于锡林郭勒盟、乌兰察布盟、伊克昭盟及包头市、呼和浩特市。陕西主要分布于榆林、定边、靖边等地，未见有连续成片的银柴胡种群，多生长于海拔1250～3100m的石质山坡或草原。

作为传统中药，银柴胡被历版《中国药典》收载，主要以干燥根入药，味甘、微寒，归肝、胃经，具有清虚热、除疳热的功效，用于阴虚发热、骨蒸劳热和小儿疳热等症的治疗。近年来，随着研究的不断深入，银柴胡除制成饮片用于临床外，还被广泛应用在中药复方制剂中，银柴胡使用量逐年增加，然而银柴胡野生植物资源有限，零星分散在荒漠和半荒漠草原中，可利用比例小，商品药材长期供不应求，为了满足市场需要，连年过度采挖使野生银柴胡资源破坏严重，再加上野生银柴胡分布区自然环境的恶化，气候干燥，土地沙化，草原退化，使银柴胡野生资源严重不足，已经没有提供商品药材的能力。根据第四次全国中药资源普查宁夏普查结果，野生银柴胡已很难发现，发展银柴胡人工种植已经成为保障资源可持续利用的根本手段。

20世纪80年代初，宁夏、内蒙古、陕西等省（区）先后开始了银柴胡野生变家种研究工作，取得了一系列成果，目前市场大量销售的主要为栽培银柴胡。宁夏、内蒙古、陕西、甘肃等省（区）为主要栽培产区。宁夏栽培银柴胡主要集中于同心、彭阳、红寺堡、西吉、海原、平罗等地，内蒙古主要集中在锡林郭勒盟、乌兰察布盟等地区。银柴胡种植以种子直播与育苗移栽两种方式进行，近年来，覆膜保墒机械化种植技术与育苗移栽技术得到迅速发展，已成为目前银柴胡生产的主要方式。

随着银柴胡在保健品、化妆品、兽药与饲料等领域的广泛应用，银柴胡已成为大规模种植的中药材之一。但银柴胡栽培以农家种为主，生产中目前没有经国家审定的优良品种，缺乏种苗质量标准，栽培方式粗放，药材质量追溯与控制技术研发滞后，这些问题的存在严重制约了银柴胡产业的可持续发展。因此，加强银柴胡优良品种选育、规范化栽培、质量追溯与控制研究，有效解决银柴胡的资源问题并提高银柴胡生产质量控制技术，将成为推动银柴胡种植产业可持续发展的强大动力。

第2章

银柴胡药用资源

一、形态特征与分类检索

银柴胡为石竹科植物银柴胡 *Stellaria dichotoma* L. var. *lanceolata* Bge. 的干燥根，原植物又名披针叶繁缕，为石竹科繁缕属叉歧繁缕*Stellaria dichotoma* L.的变种。繁缕属植物全世界约120种，我国分布63种，15变种，2变型；生长在沙漠地区的繁缕属植物有5种1变种，这个变种就是银柴胡。20世纪60年代以来，随着银柴胡需求量的增大，商品药材供应不足，各地将石竹科蝇子草属植物山蚂蚱草（*Silene jenisseensis* Willd.）、鹤草（*S. fortunei* Vis.），无心菜属植物老牛筋（*Arenaria juncea* M. Bieb.），石头花属植物长蕊石头花（*Gypsophila oldhamiana* Miq.）等植物的根，作“银柴胡”药用。这些“银柴胡”伪品与正品银柴胡原植物在生长环境、植物形态、药材性状等方面差别显著。正品银柴胡味甘、微寒，主要分布于宁夏、陕西、内蒙古、甘肃、辽宁等地，以及蒙古、俄罗斯等国家。

（一）银柴胡形态特征

银柴胡多年生草本，高20～60cm。主根粗壮而伸长，圆柱形，直径1～2cm，外皮淡黄色，断面黄白色，根头顶端有许多疣状的残茎痕迹。茎丛生，圆柱形，直立而纤细，节部膨大，多次二歧分枝，全株呈扁球状，密被短毛。叶对生，无柄，茎下部叶较大，叶片披针形、线状披针形或长圆状披针形，长0.5～3cm，宽2～7mm，先端渐尖，基部圆形或近心形，稍抱茎，全缘，表面绿色，背面淡绿色，叶背被短毛。二歧聚伞花序顶生，组成疏散的圆锥花序，开展，具多数花；苞片与叶同形而较小；花梗纤细，长0.5～2cm；萼片5，矩圆状披针形或披针形，长4～5mm，宽约1.5mm，先端锐尖，背面具腺毛和柔毛，边缘狭膜质白色；花瓣5，白色，近椭圆形，长4mm，宽2mm，二叉状分裂至1/3处或中部，裂片近线形；雄蕊10，长仅花瓣的1/3～1/2，5长5短2轮生，花丝基部稍合生，黄色；雌蕊1，子房上位，卵形或宽椭圆状倒卵形，花柱3，细长。蒴果宽椭圆形，长约3mm，直径约2mm，成熟时顶端6齿裂，外被宿存萼，通常含种子1粒，种子椭圆形，深棕褐色，长约2mm，表面具多数疣状突起。花期7～8月，果期8～9月（图2–1、图2–2）。

图2–1　银柴胡植株

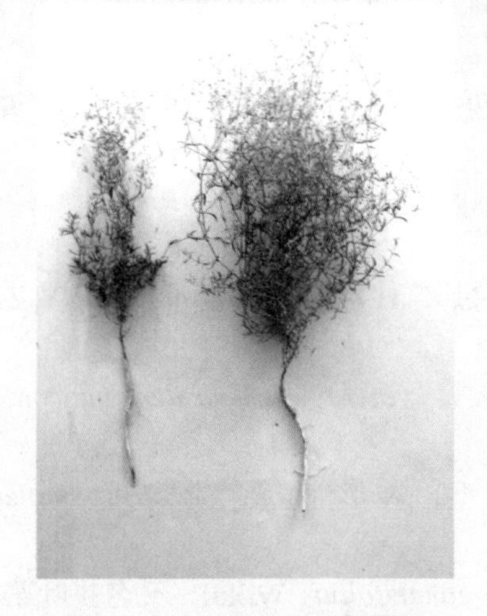

图2–2　采挖后的银柴胡植株

（二）银柴胡主要伪品

1. 伪品来源

根据中国知网1977—2017年近40年的文献统计，银柴胡伪品主要有以下几种。

（1）石竹科植物　无心菜属老牛筋（*Arenaria juncea* M. Bieb.，灯心草蚤缀）、毛叶老牛筋（*A. capillaris* Poir.，腺毛蚤缀）、小腺无心菜（*A. glanduligera* Edgew.）；石头花属长蕊石头花（*Gypsophila oldhamiana* Miq.，丝石竹、霞草）、细叶石头花（*G. licentiana* Hand.-Mazz.，窄叶丝石竹、尖叶丝石竹）、大叶石头花（*G. pacifica* Kom.，细梗石头花、大叶丝石竹）、圆锥石头花（*G. paniculata* L.，锥花丝石竹）、草原石头花（*G. davurica* Turcz. ex Fenzl，兴安丝石竹）；蝇子草属山蚂蚱草（*Silene jenisseensis* Willd.，旱麦瓶草）、鹤草（*S. fortunei* Vis.，蝇子草）、女娄菜（*S. aprica* Turcz. ex Fisch. et Mey.）、粘萼蝇子草（*S. viscidula* Franch.，瓦草）、石生蝇子草（*S. tatarinowii* Regel，山女娄菜）；繁缕属二柱繁缕（*Stellaria bistyla* Y. Z. Zhao）、叉歧繁缕（*S. dichotoma* L.）；金铁锁属金铁锁（*Psammosilene tunicoides* W. C. Wu et C. Y. Wu）。

（2）伞形科植物　北柴胡（*Bupleurum chinense* DC.）、红柴胡（*Bupleurum scorzonerifolium* Willd.，又名狭叶柴胡、南柴胡）、迷果芹［*Sphallerocarpus gracilis*（Bess.）K. -Pol.］。

（3）桔梗科植物　党参［*Codonopsis pilosula*（Franch.）Nannf.］、羊乳［*Codonopsis lanceolata*（Sieb. et Zucc.）Trautv.］、大花金钱豹（*Campanumoea javanica* Bl.）。

（4）白花丹科　二色补血草［*Limonium bicolor*（Bunge）Kuntze, 苍蝇花］。

（5）大戟科　狼毒大戟（*Euphorbia fischeriana* Steud.）。

上述伪品中，以石竹科植物较为常见，其植物形态与正品银柴胡也较为相近。

2. 伪品的形态特征

（1）山蚂蚱草（*Silene jenisseensis* willd.）又名旱麦瓶草、黄柴胡、铁柴胡。多年生草本，高20～60cm。直根粗长，木质，黄褐色。茎单一或丛生，直立或近直立，不分枝，密被倒生短毛，向上渐无毛，基部常具不育茎。基生叶簇生，叶片披针状线形或倒披针形，长5～12cm，宽2～7mm，基部渐狭成长柄状，先端渐尖，边缘近基部具缘毛，余均无毛，中脉明显；茎生叶线状披针形，较小，基部微抱茎，长3～7cm，宽2～7mm。聚伞花序总状，顶生或腋生，花轮生，花梗长4～18mm，无毛；苞片卵形或披针形，顶端渐尖，基部微合生，边缘膜质，具缘毛；花萼狭钟形、萼齿卵形或卵状三角形，顶端急尖或渐尖，长8～10（～12）mm，无毛，边缘膜质，具缘毛，脉10条；花瓣白色，长12～18mm，瓣片2叉状中裂，基部渐狭成爪，喉部具2鳞片状附属物，无毛，无明显耳，裂片狭长圆形；副花冠细小，长椭圆状；雌雄蕊柄被短毛，长约2mm；雄蕊10，与花瓣等长或稍长，花丝无毛；子房长卵形，花柱3，线形外露，无毛。蒴果卵形，顶端6齿裂，长6～7mm，比宿存萼短；种子肾形，长约1mm，被条状细微突起，灰褐色。花期7～8月，果期8～10月。根入药，称山银柴胡，治阴虚潮热、久疟、小儿疳热等症。

生于多石质干山坡、石砬子缝间、湖边沙岗及沙质草地。分布于内蒙古、宁夏、山西、河北、黑龙江、吉林、辽宁、山东等地，江苏、上海、广西、河南、山东、吉林、贵州等地有以此商品冒充银柴胡。

（2）鹤草（*Silene fortunei* Vis.）别名蝇子草、苍蝇花、野蚊子草。多年生草本，高40～100cm。根粗壮，圆锥状，木质化。茎丛生，直立，多分枝，无毛或疏被短毛，分泌黏液。基生叶匙状披针形，长3～8cm，宽7～15mm，基部渐狭，下延成柄状，顶端急尖，两面无毛或被微柔毛，边缘具缘毛，中脉明显。茎生叶线状披针形，全缘，长2.5～4.5cm，宽2～8mm，两面无毛，边缘具短缘毛，聚伞状圆锥花序顶生，小聚伞花序对生，具1～3花，花梗细，长3～15mm，总花梗常分泌黏液；苞片叶状，线形，长5～10mm，被微柔毛；花萼长筒状，质薄，长22～30mm，直径约3mm，上部微粗，无毛，紫红色，具10条脉，基部截形，果期上部微膨大呈筒状棒形，长25～30mm，纵脉紫色，萼齿三角状宽卵形，顶端圆钝，边缘膜质，具短缘毛；花瓣5，淡红色或白色，2裂达瓣片的1/2或更深，端片再裂为细裂片，基部渐狭成爪，爪微露出花萼，倒披针形，长10～15mm，无毛，瓣片平展，轮廓楔状倒卵形，长约15mm，喉部有2小鳞片；雌雄蕊柄无毛，雄蕊10，微外露，与花瓣合生，花丝无毛；子房上位，花柱3，微外露。蒴果长圆形，上部稍形大，呈棍棒状，长12～15mm，直径约4mm，比宿存萼短或近等长，顶端6齿裂；种子圆肾形，微侧扁，深褐色，具疣状突起，长约1mm。花期7～9月，果期9～10月。

生于平原、低山草坡或灌丛草地。分布于我国山东、山西、河南、宁夏、甘肃及长江流域和黄河流域南部各省（区）。

（3）老牛筋（*Arenaria juncea* M. Bieb.）又名灯心草蚤缀，山银柴胡，灯心蚤缀，毛轴蚤缀，小无心菜。多年生草本。根肥大圆锥形，直径0.5～3cm，灰褐色或灰白色，上部具环纹，下部分枝。茎直立，多丛生，基部无毛，高30～60cm，基部宿存较硬的淡褐色枯萎叶茎，硬而直立，接近花序部分被多细胞腺毛。叶片细线形，长10～25cm，宽约1mm，基部较宽，呈鞘状抱茎，边缘具疏齿状短缘毛，常内卷或扁平，顶端渐尖，具1脉。茎生叶对生，较短。聚伞花序顶生，具数花至多花，花白色；苞片卵形，长3～4mm，宽约2mm，顶端尖，边缘宽膜质，外面被腺柔毛；花梗长1～2cm，密被腺柔毛；萼片5，卵形，长约5mm，宽约2mm，顶端渐尖或急尖，边缘宽膜质，具1～3脉，外面无毛或被腺柔毛；花瓣5，白色，倒卵形，长8～10mm，顶端钝圆，基部具短爪；

雄蕊10，花丝线形，长约4mm，与萼片对生者基部具腺体，花药黄色，椭圆形；子房卵圆形，花柱3，柱头头状。蒴果卵圆形，黄色，稍长于宿存花萼或与宿存花萼等长，顶端3瓣裂，裂片2裂；种子三角状肾形，褐色或黑色，背部具疣状凸起。花果期7～9月。

生于山坡柞树疏林下、山坡石缝间，常成片生长。分布于新疆、内蒙古、宁夏、甘肃西部，陕西西北部、河北、山东、黑龙江、吉林、辽宁等省（区）。在浙江、江苏、安徽、山东、天津、辽宁等地有以此商品充银柴胡用。

（4）长蕊石头花（*Gypsophila oldhamiana* Miq.） 别名霞草、丝石竹、长蕊丝石竹。多年生草本，全株无毛，高60～80cm。根粗壮，木质化，外皮淡棕色，有细皱纹，常呈扭曲状。茎数个由根茎处生出，直立，二歧或三歧分枝，开展，老茎常红紫色。单叶对生，无柄，叶片近革质，长圆状披针形至狭披针形，长4～8cm，宽5～15mm，先端短凸尖，基部稍狭，两叶基相连成短鞘状，微抱茎，主脉3出，中脉明显，上部叶较狭，近线形。聚伞花序顶生或腋生，无毛；花梗直立；苞片卵状披针形，膜质，大多具缘毛；花萼钟形或漏斗状，裂片5，长2～3mm，萼齿卵状三角形，略急尖，边缘具睫毛，脉绿色，伸达齿端，边缘白色，膜质；花瓣5，粉红色或白色，狭倒卵形，先端截形或微凹，长于花萼1倍，基部具长爪；雄蕊10，长于花瓣；子房倒卵球形，花柱长线形，伸出花冠外，柱头2。蒴果卵球形，稍长于宿存萼，顶端4裂；种子圆肾形，长1.2～1.5mm，灰褐色，两侧压扁，密被条状微突起，脊部具短尖的小疣状凸起。花期7～9月，果期8～10月。

生于海拔2000m以下的石山坡干燥处、海滨荒山及沙漠地。分布于甘肃、山西、河北、陕西、河南、山东、江苏、辽宁等省。

（5）细叶石头花（*Gypsophila licentiana* hand.-mazz.） 又名窄叶长蕊石头花、尖叶丝石竹、窄叶丝石竹。多年生草本，高30～50cm。茎细，上部分枝，无毛。叶片线形，先端尖，边缘粗糙，基部连合成短鞘，长1～3cm，宽约1mm，主脉不明显。聚伞花序顶生，花较密集；花梗极短，带紫色，长2～3mm；苞片三角形，渐尖，边缘白色，膜质，具短缘毛，长1.5mm；花萼狭钟形，具5条绿色或带深紫色脉，长2～3mm，齿裂达1/3，卵形，渐尖；花瓣白色，为萼长1.5～2倍，三角状楔形，宽约1mm，顶端微凹；雄蕊比花瓣短，花丝不等长，线形，花药小，球形；子房卵球形，花柱与花瓣等长。蒴果略长于宿存萼；种子圆肾形，具疣状突起，直径1mm。花期7～8月，果期8～9月。

生于海拔500～2000m山坡、沙地、田边。分布于河北、内蒙古、山西、陕西、宁夏、甘肃等省（区）。

（6）草原石头花（*Gypsophila davurica* Turcz. ex Fenzl） 又名兴安丝石竹、兴安长蕊石头花，北长蕊石头花，草原霞草。多年生草本，高50～80cm，全株无毛。根粗壮，圆柱形，直径约1cm，黄褐色，木质，根茎多分枝。茎数个丛生，上部分枝，直立或斜升，无毛。叶对生，线状披针形，先端长渐尖，基部合生成鞘状苞茎，全缘，无柄，下面中脉较明显。聚伞花序稍疏散，顶生或腋生，具多数花；苞片卵状披针形，顶端长尾尖，基部合生抱茎，具缘毛，稍膜质；花萼钟形，具5条紫色隆起的脉，顶端5齿裂，花瓣5，淡粉红色或近白色，倒卵状长圆形，先端钝或微凹，基部稍狭，长为花萼的2倍；雄蕊10，比花瓣短；子房近球形，花柱2。蒴果卵球形，顶端4齿裂；种子圆肾形，黑褐色，两侧压扁，表面具乳突状凸起。花期6～9月，果期7～10月。

生于草原、丘陵、固定沙丘及石砾质干山坡。产于东北、内蒙古、宁夏、河北等地。

（7）北柴胡（*Bupleurum chinense* DC.） 又名竹叶柴胡、硬柴胡、韭叶柴胡。多年生草本，高40～85cm。主根较粗，棕褐色，质硬。茎单一或2～3枝丛生，表面有细纵槽纹，实心，上部多回分枝，略呈“之”字形曲折。基生叶倒披针形或狭椭圆形，长4～7cm，宽6～8mm，先端渐尖，基部渐窄成柄，早枯落；茎生叶倒披针形或广线状披针形，长4～12cm，宽6～15mm，顶端渐尖或急尖，基部收缩成叶鞘抱茎，叶表面鲜绿色，背面淡绿色，常有白霜，具平行脉（5）7～9。复伞形花序顶生或腋生，花序梗细，常水平伸出，形成疏松的圆锥状；总苞片2～3，或无，甚小，狭披针形，3脉，很少1或5脉；伞辐3～8，不等长，纤细；小总苞片5～7，披针形，顶端尖锐，3脉，向叶背凸出；小伞直径4～6mm，花5～10；花柄长1mm；花瓣5，鲜黄色，上部向内折，中肋隆起，小舌片矩圆形，顶端2浅裂；雄蕊5，着生花柱基部之下。子房椭圆形，花柱2。双悬果广椭圆形，棕色，果棱明显，两侧略扁，长约3mm，宽约2mm，每棱槽具油管3条，少见4条，合生面4条。花期7～9月，果期9～10月。

生长于向阳山坡路边、岸旁或草丛中。产于我国东北、华北、西北、华东和华中各地。

（8）红柴胡（*Bupleurum scorzonerifolium* Willd.）又名南柴胡、软柴胡、狭叶柴胡、香柴胡、软苗柴胡。多年生草本，高30～70cm。主根长圆锥形，支根稀少，深红棕色，上端有横环纹，质疏松而脆。茎单一或2～3丛生，基部密覆叶柄残余纤维，茎上部有多回分枝，略呈“之”字形弯曲，并成圆锥状。叶线形或线状披针形，基生叶下部渐狭成叶柄，具脉5～7（9），茎生叶无柄，叶长6～16cm，宽2～7mm，顶端长渐尖，基部略抱茎，质厚，稍硬挺，具3～5脉，上部叶短小，同形。伞形花序腋生，分枝细长而多，形成较疏松的圆锥花序；伞梗5～13，长1～3cm，很细，弧形弯曲；总苞片1～3，极细小，针形，常早落；小伞形花序有花8～11朵，直径4～6mm，小总苞片4～6，紧贴小伞，线状披针形，与花时小伞形花序近等长；小伞形花序有花8～11朵，花柄长1～1.5mm；花瓣黄色，顶端2浅裂；花柱基厚垫状，宽于子房，柱头向两侧弯曲；子房主棱明显。双悬果广椭圆形至卵形，长2.5mm，宽2mm，深褐色，

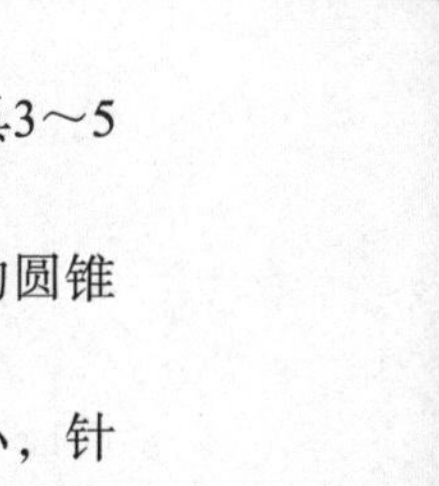

果棱浅褐色，粗而钝，油管每棱槽中3～4，合生面4～6。花期7～8月，果期8～10月。

生于海拔160～2250m的向阳山坡、干燥草原及灌木林边缘。分布于我国西北、东北、华北、华中与华东等地。

（9）党参［*Codonopsis pilosula*（Franch.）Nannf.］ 多年生草质藤本，茎基具多数瘤状茎痕，根常肥大肉质，呈纺锤状圆柱形，较少分枝或中部以下略有分枝，长15～30cm，直径1～3cm，表面灰黄色至灰棕色，上端有细密环纹，下部则疏生横长皮孔，肉质。茎缠绕，长1～2m，直径2～3mm，多分枝，主茎及侧枝上叶互生，小枝上叶近于对生，叶柄长0.5～3cm，有疏短刺毛，叶片卵形或狭卵形，长1～6.5cm，宽0.8～5cm，先端钝或微尖，基部近于心形，边缘具波状钝锯齿，分枝上叶较狭窄，基部圆形或楔形，上面绿色，下面灰绿色，两面被长硬毛或柔毛，少为无毛。花单生于枝顶，与叶柄互生或近于对生，有梗。花萼贴生至子房中部，筒部半球形，裂片5，宽披针形或狭矩圆形，长1～2cm，宽6～8mm；花冠阔钟状，长1.8～2.3cm，直径1.8～2.5cm，黄绿色，内面有明显紫斑，先端5浅裂，裂片正三角形，全缘；雄蕊5，花丝基部稍扩大，长约5mm；子房半下位，花柱短，柱头有白色刺毛。蒴果下部半球状，上部短圆锥状。种子多数，光滑无毛，卵形，无翼，细小，棕黄色。花期7～8月，果期9～10月。

产于山西、宁夏、甘肃东部、四川西部、陕西南部、西藏东南部、青海东部、云南西北部、河南、河北、内蒙古及东北等地区。全国各地有大量栽培。

（三）银柴胡主要伪品与正品的分类检索

银柴胡与16种石竹科伪品分类检索表如下。

1 萼片离生，稀基部合生；花瓣近无爪，稀缺花瓣；雄蕊周位生，稀下位生。（2）
……………………………………………………………………………………繁缕亚科

1 萼片合生；花瓣具明显爪；雄蕊下位生。（3）……………………………石竹亚科

2 花瓣深2裂，稀多裂（有时缺花瓣）。（5）………………………………繁缕属

2 花瓣全缘，稀凹缺或具齿。（7）…………………………………………无心菜属

3 花柱3或5；花萼具连合纵脉。（9）………………………………………蝇子草属

3 花柱2；花萼无连合纵脉。（4）

4 雄蕊5；蒴果具1种子 ………………………………… 金铁锁*P. tunicoides*

4 雄蕊10；蒴果具多数种子，稀少数。石头花属。（13）

5 花柱3，蒴果宽卵形，顶端6齿裂。（6）

5 花柱2（极少3），蒴果倒卵形，顶端4（稀6）齿裂 ……………………
………………………………………………… 二柱繁缕*S. bistyla* Y. Z. Zhao

6 叶片线状披针形、披针形或长圆状披针形，长5～25mm，宽1.5～5mm，蒴果常具1种子……………银柴胡*S. dichotoma* L. var. *lanceolata* Bge.

6 叶片卵形或卵状披针形，长5～20mm，宽3～10mm，蒴果含1～5种子 ……………

……………………………………………………………… 叉歧繁缕*S. dichotoma* L.

7 茎高2～6cm，花1～2朵，生于茎顶端，花瓣紫红色，萼片急尖，顶端及边缘变硬 …………………………………………… 小腺无心菜*A. glanduligera* Edgew.

7 茎高12cm以上，聚伞花序，具数花至多花，花瓣白色；萼片顶端钝，稀急尖或渐尖。（8）

8 茎高12～15cm，茎基部无淡褐色长而硬的叶基；叶片细线形，长2～5cm。花梗无毛；萼片无毛，具3脉………………… 毛叶老牛筋*A. capillaris* Poir.

8 茎高30～60cm，茎基部密具淡褐色长而硬的枯萎叶基；叶片细线形，长10～25cm。花梗密被腺柔毛；萼片具1～3脉，外面无毛或被腺柔毛………

……………………………………………………………… 老牛筋*A. juncea* M. Bieb.

9 多年生草本，雄蕊外露；花柱外露。（10）

9 一年生或二年生草本，雄蕊不外露，花柱不外露 ………………………

………………………………………… 女娄菜*S. aprica* Turcz. ex Fisch. et Mey.

10 茎无毛 ………………………………… 山蚂蚱草*S. jenisseensis* Willd.

10 茎被短柔毛或近无毛。（11）

11 聚伞状圆锥花序 ………………………………… 鹤草*S. fortunei* Vis.

11 二歧聚伞花序大型。（12）

12　花萼钟形，基部圆形，密被腺柔毛 ………… 粘萼蝇子草*S. viscidula* Franch.

12　花萼筒状棒形，无毛或沿脉被稀疏短柔毛…… 石生蝇子草*S. tatarinowii* Regel

13　圆锥状聚伞花序多分枝，疏散，花萼宽钟形 …… 圆锥石头花*G. paniculata* L.

13　伞房状聚伞花序密集或疏散，花萼钟形或狭钟形。（14）

14　叶片长圆形、卵形或线状披针形，花萼钟形。（15）

14　叶片线形，花萼狭钟形 ………… 细叶石头花*G. licentiana* Hand.–Mazz.

15　花瓣倒卵状长圆形，顶端截形或微凹。（16）

15　花瓣长圆形，顶端圆 ……………………… 大叶石头花*G. pacifica* Kom.

16　叶片长圆形，雄蕊长于花瓣 ……… 长蕊石头花*G. oldhamiana* Miq.

16　叶片线状披针形，雄蕊短于花瓣 ……………………………………………

……………………………… 草原石头花*G. davurica* Turcz. ex Fenzl

二、生物学特性

（一）生长习性

1. 生长环境

银柴胡喜阳光，喜温暖或凉爽的气候，多生长于干旱少雨的荒漠、半荒漠草原区。在年降雨量200mm以下、土壤含水量3.8%、含有机质0.2%～0.3%的松砂土中仍能继续生长，在-40～-30℃能安全越冬。适合生长于阳光充足、土层深厚、质地疏松、排水良好的砂壤土地或松砂土中。黏重土壤、盐碱低洼处土地不适宜银柴胡的生长。

2. 伴生植物群落

野生银柴胡生长于海拔1200～3100m的石质山坡、石质草原、荒漠草原或沙漠边缘地带，在分布区内的植物群落中不占优势，呈零星分布，其主要伴生植物为沙蒿、苦豆子、黄花铁线莲、甘草、麻黄、酸枣、杠柳、冰草、摩松草、羊草等耐旱、耐寒草本植物或小灌木。

3. 气象条件

宁夏野生银柴胡生长区的极端最高气温39℃，极端最低气温-29.4℃，年平均气温8.6～9.5℃；年降水量176.5～282.3mm；年蒸发量约2000mm；相对湿度<60%；无霜期152～218天；年日照时数3000小时左右（表2-1）。

表2-1　宁夏银柴胡生长区气象要素

气象因子	中卫市	盐池县	灵武市	平罗县	同心县
极端最高气温*（℃）	37.6	37.5	37.5	38.9	39
极端最低气温*（℃）	-29.1	-29.4	-26.6	-25	-28.3
年平均气温*（℃）	9.2	8.6	9.2	9.4	9.5
年降水量*（mm）	176.5	282.3	188.4	177.8	259.8
年蒸发量*（mm）	1863.7	2179.8	1868.1	2234.6	2325
无霜期（天）	153.5	166.5	152.1	205.0	218
日照时数（小时）	2880.9	2826.6	3006.0	3135.2	3024

注："*"表示数据来源于"国家气象科学数据共享服务平台http://data.cma.cn/index.html"

4. 土壤类型

宁夏野生银柴胡生长区的土壤类型主要为淡灰钙土，土质为松砂土，有机质含量为0.2%～0.3%，全盐含量0.079%，不含CO_3^{2-}，pH 8.25。银柴胡栽培区的土壤类型主要为轻熟化灌淤草甸土（即淡灰钙土垦区），土质为中壤土或砂壤土，有机质含量0.74%～0.78%，全盐含量0.07%～0.08%，不含CO_3^{2-}，pH 8.13～8.30，银柴胡在低肥力的土壤中仍可栽培（表2-2）。

表2-2 宁夏银柴胡生长区土壤分析

采样点（平罗县）	深度（cm）	土壤类型	土质	pH	全量养分（g/kg）			速效养分（mg/kg）			全盐量（g/kg）
					有机质	氮	磷	氮	磷	钾	
野生地	0～20	灰钙土	松砂	8.25	0.30	0.031	0.021	30	3.2	131.1	0.079
	20～40			8.25	0.23	0.022	0.022	30	2.43	107.2	0.080
1号栽培地	0～20	浅灰钙土	砂壤	8.13	0.74	0.056	0.056	40	5.25	202.8	0.071
	20～40			8.10	0.68	0.053	0.053	30	3.58	126.7	0.067
2号栽培地	0～20	轻度熟化	砂壤	8.30	0.78	0.054	0.067	40	9.98	202.8	0.088
	20～40			8.12	0.68	0.048	0.062	40	7.30	148.5	0.072

1. 种子外部形态特征

栽培与野生银柴胡种子形态差异不显著，种子深褐色或棕褐色，椭圆状或长椭圆状，长1.5～4mm，宽1～3mm。种皮表面不光滑，有较规则排列的扁圆形、圆形或锥形突起，种皮质地较软，易吸湿。种孔一端有一弯锥状结构。种皮内具有发育完整的胚，白色或类白色，胚体类型周边形，双子叶包围的中心为胚乳。

2. 种子千粒重

不同生长年份的栽培银柴胡种子与野生种子千粒重差异达极显著水平（$P<0.01$），一至四年生栽培银柴胡种子千粒重分别为2.027g、1.943g、1.794g、1.745g，且随着栽培年限的增大而减少（四年内），野生银柴胡千粒重为2.260g，比二至四年生栽培银柴胡种子千粒重均高，与一年生栽培银柴胡种子千粒重接近。

3. 种子萌发特性

发芽率是衡量种子质量的一个主要指标。一至三年生栽培银柴胡种子发芽率与野生种子差异不显著，生长年限对栽培银柴胡种子发芽率有影响，以二年生植株种子发芽率最高，为87.4%，四年生植株发芽率最低为75.6%（表2-3）。30℃时银柴胡种子发芽率最低（76.0%），25℃时发芽率最高（85.5%），20℃与25℃条件下银柴胡发芽率差异不显著（表2-4）。光照条件对银柴胡种子发芽率影响不显著，但全黑暗条件下银柴胡幼苗黄化、细弱。种子大小对银柴胡种子发芽率影响不显著，这可能与银柴胡种子成熟时，种子的胚已发育完全，而且不存在休眠现象有关。银柴胡种子的发芽率影响因素较多，不仅与银柴胡产区有关，与其采收年份亦有关。

表2-3 一至四年生栽培银柴胡与野生银柴胡种子发芽率比较

处理	发芽率（%）				平均发芽率（%）	差异显著性	
	重复1	重复2	重复3	重复4		0.05	0.01
野生	82.0	88.0	82.0	77.0	82.9	a	AB
栽培1年	80.0	84.0	82.0	89.0	85.4	a	A
栽培2年	85.0	85.0	88.0	89.0	87.4	a	A
栽培3年	84.0	79.0	82.0	83.0	82.0	a	AB
栽培4年	74.0	79.0	69.0	79.0	75.6	b	B

表2-4 温度条件对种子发芽率的影响

处理	发芽率（%）				平均发芽率（%）	差异显著性	
	重复1	重复2	重复3	重复4		0.05	0.01
15℃	81.0	73.0	76.0	75.0	76.4	bc	A
20℃	88.0	84.0	80.0	81.0	83.9	ab	A
25℃	85.0	86.0	79.0	90.0	85.5	a	A
30℃	86.0	75.0	74.0	69.0	76.0	c	A

（三）根系特性

1. 野生银柴胡根系特征

根系发达，有明显粗壮的主根，主根圆柱形，直立或斜生，直径1～3cm，长15～50cm，有的长达150～200cm；支根较少，主要分布在距地表6～30cm深的土层中。茎被沙埋数年后，可形成根茎（过渡茎），横走或斜生，环境适宜时根茎的每一节都可萌发新枝和须根。生长在干旱贫瘠松砂土中的银柴胡，生长年限较长，根表面多具孔穴状或盘状凹陷（细根痕），较深者常充满细砂，俗称“砂眼”。从“砂眼”处折断裂隙中常有细砂散出，根头部略膨大，有密集的呈疣状突起的芽苞、茎或根茎的残基，习称“珍珠盘”。

2. 栽培银柴胡根系特征

人工种植的银柴胡水肥条件较好，支根较多而长，因生长年限较短，一般不见“砂眼”和根茎，地上枝丛生于根头部。三、四年生栽培银柴胡与野生银柴胡无显著性差异，唯分枝稍多，表面色较浅，几无“砂眼”。一、二年生栽培银柴胡与野生银柴胡差异显著，主根细圆柱形，直径0.5～1.5cm，一年生栽培银柴胡主根多不分枝，第二年起，银柴胡根部生长加速，主根的长度、直径、支根的数目、根系的干重逐年增加。

（四）植株特性

茎自基部多次二叉状分枝，主茎一般有14个分枝，每分枝有8～12个侧枝，每侧枝有花蕾14～21个。二歧聚伞花序亦多分枝。成株呈半球形，牢固附于地表，可防止大风、沙暴侵袭。叶无柄，披针形或条状披针形，基部稍包茎，全缘；茎、叶表面均被短硬毛，粗糙坚挺，表现出耐干旱风沙的特性。植株每年早春萌发，5～9月为生长发育旺盛期，10月底至11月初地上部分枯萎。

（五）生态学特征

银柴胡生长于海拔1250～3100m的荒漠草原、沙漠边缘、石质山坡或石质草原，喜阳光，耐干旱、耐贫瘠、耐严寒，忌水浸，在土壤含水量3.8%时仍能生长，在-30℃能安全越冬，银柴胡在黄河灌区、平原、林区山地没有自然分布。

三、生长发育规律

1. 银柴胡物候期研究

4月中下旬播种的一年生实生苗：5月上旬出苗，7月上旬现蕾，7月中旬抽花薹、下旬始花，8月中旬结果，10月中旬地上部植株干枯，地下根休眠。

野生银柴胡及二年生以上栽培银柴胡实生苗：4月中下旬至5月上旬返青，5月下旬至6月上旬现蕾，6月中旬抽薹并开花，7月中旬盛花并结果，8月上旬结果盛期，中下旬蒴果成熟，10月中旬地上部植株枯萎，10月下旬至翌年4月上旬地下根休眠。

2. 银柴胡药效成分积累研究

分别对一至四年生栽培银柴胡与野生银柴胡中α-菠甾醇与豆甾-7-烯醇总含量和总甾醇含量进行测定。结果表明，一至四年生栽培银柴胡中α-菠甾醇与豆甾-7-烯醇总含量分别为0.021%、0.023%、0.026%与0.022%，野生银柴胡中

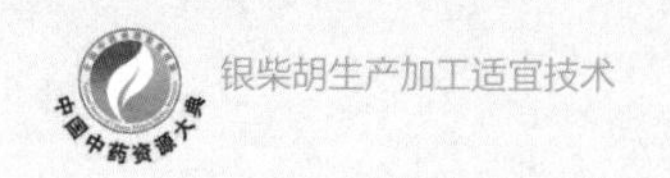

α-菠甾醇与豆甾-7-烯醇总含量为0.029%，栽培3年的银柴胡中α-菠甾醇与豆甾-7-烯醇总含量同野生银柴胡接近。一至四年生栽培银柴胡中总甾醇含量分别为0.367%、0.383%、0.481%、0.386%，野生银柴胡中总甾醇含量为0.435%，栽培3年的银柴胡中总甾醇含量亦与野生银柴胡接近。一至五年生栽培银柴胡中环肽含量分别为2.11%、2.36%、2.05%、2.43%、2.21%野生银柴胡中环肽含量为2.53%，栽培4年的银柴胡中环肽含量与野生银柴胡接近。分别于6月16日、7月15日、8月17日、9月15日采集3年生栽培银柴胡，测定其药效成分含量与单株干品重，结果显示α-菠甾醇与豆甾-7-烯醇总含量和总甾醇含量均以9月15日采收的最高，单株干品重亦以9月15日采收的最高。

四、地理分布与资源变迁

我国银柴胡野生资源分布区域狭窄，主要分布于宁夏、内蒙古和陕西等省（区）的毗邻地区。宁夏主要分布于平罗、同心、盐池、灵武、中卫等地，连续成片的主要在平罗、惠农一带。内蒙古主要分布于锡林郭勒盟、乌兰察布盟、伊克昭盟及包头市、呼和浩特市。锡林郭勒盟的东苏旗、阿巴嘎旗及巴彦乌拉等地采挖破坏少，银柴胡生长状态好，比较连续成片的分布主要在东苏旗周围。陕西主要分布于榆林、定边、靖边等地，未见有连续成片的银柴胡种群。

我国银柴胡野生资源主要生长于土地贫瘠的干旱荒漠地区，多零星分布，自然资源甚少。20世纪60～80年代全国银柴胡商品药材供应极度短缺，1978年全国银柴胡产量仅8吨，而当年银柴胡需求量达352吨。内蒙古郭勒盟东苏旗药材公司，1990—1992年，每年可收购银柴胡50吨，1995—1998年降低到10吨，而到2001年只能收购到5吨。全国野生银柴胡的蕴藏量，仅据宁夏和内蒙古两个主产区的估算约为500吨，零星分散在广袤的荒漠和半荒漠草原中，可利用比例很小，每年仅能提供20吨以内的商品药材。银柴胡供求矛盾异常尖锐，一方面造成主产区对资源的掠夺式采挖，另一方面各地使用多种石竹科植物作银柴胡代用品，这些代用品习称“山银柴胡”，主要种类为石竹科的山蚂蚱草、鹤草、老牛筋、长蕊石头花、细叶石头花、草原石头花等，这些“山银柴胡”的使用加剧了银柴胡药材使用的混乱。

由于我国野生银柴胡提供商品药材的能力远不能满足人们医疗用药的需要，20世纪70年代末，宁夏、内蒙古、陕西等省（区）先后开始了银柴胡野生变家种的研究工作。1984年宁夏进行银柴胡栽培试验，在引黄灌区水浇地完成并推广，提供了大量的银柴胡商品药材，但是由于人工栽培条件与野生环境差别较大，生物的不适应性逐渐表现出来，现在这些地区已经少有栽培。而没有灌溉条件的同心、彭阳等地区，现已成为宁夏人工栽培银柴胡的主产区。目前，宁夏、内蒙古、陕西、甘肃均有银柴胡人工栽培。宁夏栽培银柴胡主要集中于同心、彭阳、红寺堡、固原、西吉、海原、隆德、平罗等县（区），种植技术也较为成熟。内蒙古主要集中在锡林郭勒盟、乌兰察布盟。内蒙古和陕西银柴胡种植规模小，管理也较为粗放。2013年宁夏平罗、红寺堡、同心、海原、彭阳共种植银柴胡40 959亩，至2020年，宁夏这5个县（区）银柴胡种植面积将达到90 600亩，预计年产量可达3000吨。银柴胡人工种植的成功与规模化生产，已能满足市场对正品银柴胡的需求，但目前市场上仍然有将“山银柴胡”误作“银柴胡”使用，药品监督检验部门将“山银柴胡”充“银柴胡”视为伪品查处。

五、生态适宜分布区与适宜种植区

（一）宁夏银柴胡生态适宜分布区与适宜种植区

宁夏是银柴胡道地产区之一，由于过度采挖等原因导致野生银柴胡资源日益匮乏，生境也受到破坏。为了保障药材供应，满足临床用药需求，宁夏在全国较早开展了银柴胡人工种植技术研究。根据野生银柴胡生长习性，分别在宁夏引黄灌区、南部半阴湿山区、干旱荒漠和半荒漠草原区进行了银柴胡引种与适宜性栽培实验。

1. 宁夏各种植区银柴胡生长状况

（1）引黄灌区　1984年宁夏在全国较早进行了银柴胡栽培试验，并率先在自治区引黄灌区水浇地完成，随后在该地区进行了银柴胡规模化栽培与推广，种植面积达133hm^2，每年可提供近100吨的商品药材，有效缓解了银柴胡供应短缺的矛盾。但由于人工种植的生产环境与野生环境差异较大，生物的不适应性逐渐表现出来，出现了烂根、死苗，造成大面积减产。由于土地浅层水肥条件较好，出现药材分支多等性状改变，影响商品规格，商品流通不畅，经济效益低，引黄灌区的银柴胡生产仅保持很短时间就急转直下，至20世纪90年代已少有栽培。随后，在一些没有野生银柴胡分布的地区，如宁夏南部的固原、彭阳，甘肃的陇西等地出现了银柴胡人工种植，使银柴胡的分布区扩大。

（2）南部半阴湿山区　20世纪90年代，宁夏银柴胡栽培逐渐从引黄灌区转移到南部半阴湿山区，至2003年9月形成种植面积133～200hm^2，产量达1000～1500吨的规模，这个地区没有野生银柴胡分布，年降雨量400～500mm，是野生银柴胡产区降雨量的2倍，而且主要集中在秋季，土壤类型为砂壤土，所产药材分支多，植物生长后期（雨季）也出现烂根、死苗现象，但比引黄灌区轻。该地区多为旱地直播，基本没有灌溉条件，生产成本较低，人工种植银柴胡病虫害相对较少，发展银柴胡生产较引黄灌区好一些，但也不是最理想的区域，生长3年的银柴胡药材仍比较细，性状远不如野生品，由于自然环境与野生银柴胡分布区差异较大，药材质量还是达不到野生银柴胡的

水平。

（3）干旱荒漠和半荒漠草原区　宁夏沙生草原区是银柴胡的自然分布区，干旱少雨，无灌溉条件，沙漠化严重，夏季地表温度高达60℃，春播后大风吹走地表沙土，使种子裸露，造成出苗不全，幼苗经受不住高温热浪的侵袭，常出现缺苗断垄，但采用秋季雨后抢播，幼苗越冬，次年春季返青较春播银柴胡出苗提前30～40天，在大风暴来临时，幼苗已坚挺，能安全度过春季的大风沙暴，全年植株正常生长，并显示了耐旱植物的强抗旱性，抗逆性。在2005年宁夏多年不遇的大旱之年，中部干旱带春小麦、豌豆等因严重缺水而枯萎，秋播银柴胡却长势良好，呈现一片绿色。这个地区栽培银柴胡地下部根分支较少，药材性状最接近野生品，烂根、死苗也较少，从整体长势分析，认为这个地区是宁夏发展银柴胡生产的最佳地区。

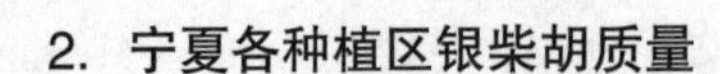

2. 宁夏各种植区银柴胡质量

（1）不同产地银柴胡化学成分分析　选择宁夏干旱草原区（红寺堡）、半阴湿山区（固原南部）和介于两者之间的同心县预旺镇生长2年与3年的银柴胡进行了α-菠甾醇与豆甾-7-烯醇含量测定（表2-5）。检测结果显示，3个产地的银柴胡中α-菠甾醇与豆甾-7-烯醇含量较为接近，差异不显著，总甾醇则以红寺堡区含量较高，同心县预旺镇次之。

表2–5　不同产地银柴胡药材化学成分分析

主要化学成分	红寺堡区		同心县预旺镇		固原南部	
	二年生	三年生	二年生	三年生	二年生	三年生
α–菠甾醇、豆甾–7–烯醇（%）	0.020	0.020	0.015	0.020	0.020	0.021
总甾醇（%）	0.493	0.557	0.412	0.341	0.307	0.205

（2）不同产地银柴胡药材性状分析　收集红寺堡区、同心县预旺镇、固原南部生长3年的银柴胡，比较其药材的表面、根长、根直径、分支和根重（表2–6）。结果显示，干旱草原区（红寺堡区）生产的银柴胡优势明显，药材性状最接近野生品，单株较重，产量较高。

表2–6　不同产地银柴胡药材性状比较表

药材性状	红寺堡区	同心县预旺镇	固原南部
表面	淡黄棕色，纵皱纹条沟状，扭曲	淡黄棕色，纵皱纹条沟状，扭曲	淡黄褐色，纵皱纹条沟状或槽沟状，扭曲
根长（cm）	31.50	28.80	22.70
根直径（cm）	1.10	0.94	0.68
根部分支数（条）	2.20～3.40	3.10～4.20	2.40～3.50
20支重（g）	147.00	130.00	56.00

（3）不同种植区银柴胡种苗质量分析　分别在平罗县引黄灌区和红寺堡沙生草原区进行银柴胡育苗实验，实验于2002年与2003年连续进行2年。实验结果表明，红寺堡沙生草原区的种苗在根长、根直径、主根长度与分支率等方

面，质量均显著优于平罗县引黄灌区银柴胡质量（表2-7）。

表2-7　不同种植区银柴胡种苗质量

调查日期	地点	根长（cm）	根直径（cm）	主根长度（cm）	分支率（%）
2002-07-10	平罗（灌淤土）	20.0	0.4	5.0	70
	红寺堡（砂土）	25.0	0.6	10.0	40
2003-06-04	平罗（灌淤土）	13.0	0.4	4.4	80
	红寺堡（砂土）	31.3	0.9	9.3	70

综上所述，人工种植银柴胡的最佳地区是宁夏中部干旱带的沙生草原区，包括同心、平罗、红寺堡、石嘴山、盐池、灵武、中宁、中卫等沙生草原地带，而宁夏引黄灌区，南部阴湿区、半阴湿区不适于种植。全国野生银柴胡分布地域狭窄，自然分布区内的陕西北部和内蒙古干旱沙生草原区也是银柴胡的适宜种植区。

（二）基于野生银柴胡的产地适宜性分析

《中药材产地适宜性分析地理信息系统》（TCMGIS）是以基础地理信息数据库、土壤数据库、气候因子数据库及第三次全国中药资源普查数据库为后台支撑，对中药材产地适宜性进行定量、空间化、多生态因子、多统计方法的快速分析系统。应用此系统，以野生银柴胡原产地生长环境因子为依据，对野生银柴胡进行产地适宜性分析，可以为栽培银柴胡的产地规划与选择提供理论依据。

1. 野生银柴胡调查区域

通过文献查阅野生银柴胡分布记录，实地调查内蒙古大学生命科学学院标本室、中国科学院植物研究所标本馆、西北农林科技大学植物标本馆、南京大学生物系植物标本室、中国科学院沈阳应用生态研究所标本馆、中国科学院昆明植物研究所标本馆、中国科学院华南植物园标本馆、中国科学院西北高原生物研究所、青藏高原生物标本馆、南开大学生物系植物标本室、中国科学院武汉植物园标本馆、江苏省中国科学院植物研究所标本馆、四川大学生物系植物标本室，共获得野生银柴胡有效标本记录197份，主要来自内蒙古、宁夏、陕西、河北、青海、甘肃、新疆、北京、西藏、黑龙江、辽宁、山西12个省（市、区）的51个镇（乡），其中内蒙古134份、宁夏14份、陕西11份、河北10份、甘肃7份、青海5份、山西4份、黑龙江4份、新疆3份、北京2份、西藏2份、辽宁1份。

2. TCMGIS分析

TCMGIS适宜性分析系统以全国各气象站点30年的地面气象数据、第三次全国（1：4 000 000）土壤普查数据、国家1：100万的基础地理信息数据与第三次中药资源普查数据为基础，以野生银柴胡原产地作为分析基点，获取野生银柴胡分布区气候与土壤因子数据，得到野生银柴胡生长区的年均气温-2.4～11.9℃；活动积温0～4298℃；1月最低气温-30.1℃；1月平均气温-25.2～-6.2℃；7月最高气温31.1℃；7月平均气温9.4～25.9℃；年降雨量87～615mm；年均相对湿度40%～68.3%；年日照时数2429～3217小时；土壤类型为灰钙土。在此基础上，通过与野生银柴胡原产地气候与土壤相似度的对比，确定全国各个地方不同级别的适宜产地。

3. 野生银柴胡生态适宜分布区

野生银柴胡适宜区主要分布在秦岭-淮河线以北、横断山脉以西、在华北平原的北部和辽东半岛、山东半岛的丘陵地带。分布范围的地貌类型多样，以高原（青藏高原、黄土高原、内蒙古高原）、山地（阿尔泰山、昆仑山、祁连山、秦岭、大兴安岭等）为主，土壤类型主要以荒漠草原与高山草甸为主，土壤有机质含量较低，生物种类较稀少。

野生银柴胡生态相似度90%～95%的区域主要集中在第一阶梯的青藏高原地区，其中陕西、河南及山东也有部分分布，共分布在19个省（市、区）的642个县（市），其中适宜面积最大的为西藏，共计73个县（市），占所在县（市、区）的55.52%，其次为青海，共计37个县（市），占所在县（市、区）的45.56%。

野生银柴胡生态相似度95%～100%的区域在我国分布最广，有青藏高原、横断山区、黄土高原、东北平原等地，地貌类型复杂，在我国的三级阶梯都有分布，主要分布在18个省（市、区）的961个县（市），集中在西藏南部、四川西北部、甘肃、宁夏、山西等省（区），呈东西带状分布，其中适宜面积最大的为内蒙古，共计81个县（市），占所在县（市、区）的28.96%，其次为新疆，共计82个县（市），占所在县（市、区）18.74%。

野生银柴胡生态相似度100%的区域集中在大兴安岭、内蒙古高原、天山山脉、阿尔泰山脉等地，其中内蒙古中东部和东北地区最为集中，甘肃中部、青海东北部及新疆西北分布比较分散，主要分布在15个省（市、区）的463个县（市），其中适宜面积最大的为内蒙古自治区，共计82个县（市），占所在县（市）总面积的31.87%，其次为新疆，共计52个县（市），占所在县（市）总面积的18.95%。

第3章

银柴胡种植技术

一、种植历史及现状

银柴胡野生植物资源有限，零星分散在荒漠和半荒漠草原中，可利用比例小，商品药材长期供不应求。为了满足市场需要，连年过度采挖使野生银柴胡资源破坏严重，再加上野生银柴胡分布区自然环境的恶化，气候干燥，土地沙化，草原退化，使银柴胡野生资源严重不足，已经没有提供商品药材的能力，发展银柴胡人工种植成为保障资源可持续利用的根本手段。为了医疗用药的需要，20世纪70年代末至80年代初，宁夏、内蒙古、陕西等省（区）先后开始了银柴胡野生变家种研究工作，取得了一系列的成果，为银柴胡保护与开发利用奠定了基础。

根据野生银柴胡植物的生长习性，宁夏分别在引黄灌区、南部半阴湿山区、干旱荒漠和半荒漠草原区进行了引种试验，通过比较这三个不同生态区域土壤类型、有机质含量、土壤含水量（降雨）等，根据银柴胡在不同立地条件下生长状况及产出药材的性状和质量，进行银柴胡栽培适应性比较研究。结果表明宁夏中部干旱荒漠和半荒漠草原区是人工栽培银柴胡的适宜地区，所栽培药材的质量最接近于野生品，地下分支较少，烂根、死苗也较少，表现出较好的适应性。进一步研究表明银柴胡为耐旱的深根型植物，宜选择地势高且向阳、土层深厚且干燥、透水性良好的松砂土或砂质壤土栽培。

银柴胡人工种植的方式有直播与移栽等方法，在干旱荒漠、半荒漠草原区采用育苗移栽的方法为好，经移栽生长的银柴胡质量与野生品种更接近，且相对于直播方法产量更高。研究人员还发现银柴胡栽培管理中，控制土壤水分十分必要，生长在田间持水量60%～70%的轻度干旱胁迫条件下，银柴胡能够正常生长，生长在排水不畅田块的银柴胡，灌水后易发生烂根现象，严重影响药材的质量和产量。银柴胡是一种非常耐贫瘠的药用植物，种植（移栽或直播）后不需要过多追肥，通常每亩施入2500kg农家肥或30kg复合肥作基肥，并适当追施复合肥1～2次即可。在宁夏，大田栽培中危害银柴胡的昆虫有16种、病害4种，虫害高发期在5月中旬至7月，种群数量与银柴胡生物量成正比。银柴胡病害亦多发生在降水量多、湿度大的5～7月。

栽培与野生银柴胡种子无形态及结构差异，种子为有胚乳种子，种皮深褐色或棕褐色，有较多刺瘤状突起，表面不光滑，大小约2.2mm×1.7mm，种孔一端有一弯锥状结构。银柴胡种子发芽与光照强度无直接关系，而与温度存在直接关系，银柴胡种子发芽的最适温度为20～25℃，平均发芽率70.4%～86.3%。栽培银柴胡种子含水量和电导率高于野生种子。栽培3年的银柴胡种子发芽率和出苗率最高，接近于野生种子的优良特性。利用紫外-可见分光光度法测定栽培与野生银柴胡中总甾醇含量，结果表明栽培3年的银柴胡与野生银柴胡品质接近。

二、种植材料

种子繁殖以发芽率高、生活力强、杂质少、无病虫害、无破损的种子作为种植材料。移栽苗以芽头饱满无萌发，主根无分支或少分支，无伤损、无病虫害或病斑的幼根作种苗（图3-1、图3-2）。

图3-1　银柴胡种子

图3-2　银柴胡种苗

三、种子检验及等级

（一）种子检验规程

1. 扦样

扦样是指种子的取样或抽样，是种子检验的重要环节，决定着种子检验结果是否有效。扦取的样品必须有代表性，没有代表性，无论检测多么准确，也不会获得符合实际情况的检验结果，导致对整批种子质量作出错误的判断。

扦样前，应检查种子批的袋数和每袋重量，确定种子批总重量，种子批的最大重量不得超过1000kg，其容许差距5%。若超过规定重量，可分成几批，分别扦样。对于若干袋装种子（每袋15～100kg）组成的一个种子批，1～5袋每袋都扦取，至少扦取5个初次样品；6～14袋，扦取不少于5袋；15～30袋，每3袋至少扦取1袋；31～49袋扦取不少于10袋；50～400袋，每5袋至少扦取1袋；401～560袋，不少于80袋；561袋以上，每7袋至少扦取1袋。对于小包装种子（每袋等于或小于15kg），以100kg重量的种子作为扦样基本单位，小包装种子合并组成基本单位，将每个基本单位视为一“袋装”，然后按照袋装种子（每袋15～100kg）方法扦样。如有一批种子，每一容器为盛装5kg种子，共有300个容器。据此，可推算共有15个基本单位，因此至少应扦取5个初次样品。

扦样时用单管扦样器尖端拨开包装物的线孔，凹槽向下，自袋角处尖端与水平成30° 向上倾斜地插入袋内，直至袋的中心，再把凹槽旋转180°，使凹槽向上，稍稍振动，使种子落入孔内，慢慢拔出，将样品装入容器中。扦样初次样品基本均匀一致，可将其合并混合成混合样品，混合样品与送检样品数量相等时，将混合样品作为送检样品，混合样品数量较多时，可用四分法分取规定数量的送检样品。

2. 种子净度检查

将送检样品采用“四分法”分为四等分，取其中一份作为供试样品，将供试品分成净种子、废种子、其他植物种子、杂质，分别称取各组分别计算百分率。每份种子重复3次，将分析后的各组分重量之和与原始重量比较，核对分析前后供试样品有无增减，如果增减差距偏离原始重量5%，则重新实验，计算加权平均值。

种子净度（%）=［净种子/（净种子+废种子+杂质+其他植物种子）］×100

3. 种子千粒重测定

从充分混匀的银柴胡净种子中随机抽取3000粒，分成3组，每组1000粒，分别称取重量（g），取平均值为其千粒重。千粒重的计算应遵循任意两份重量的差数与平均数之比不高于5%，如果高于5%，需重新实验，直至达到要求。

4. 种子含水量测定

从充分混匀的银柴胡净种子中随机精密称取5.000g样品，采用烘干法测定含水量，重复3次。将待测试的种子置于预热至110～115℃的恒温干燥箱中，迅速关闭烘箱门，使箱温在5～10分钟内回升至（103±2）℃时开始计算时间，烘8小时。戴上手套或用坩埚钳在烘箱内盖好盛放待测种子的容器盖后，取出待测种子，放入干燥器内冷却30～45分钟，待测种子冷却至室温后取出称重，称重时保留3位小数。根据烘干后失去的重量计算种子含水量，最后的结果保留2位小数。3次测定结果中，任意两次测定结果之间的差距不得超过0.2%，否则重新测定，直至达到要求，测定结果可用3次测定值的算术平均数表示。

种子含水量（%）=［（烘前试样重−烘后试样重）/烘前试样重］×100

5. 种子生活力测定

（1）红墨水染色法测定　在充分混匀的银柴胡净种子中，用对角线法随机分为四等分，将其中两份种子混合取200粒于30℃水中浸泡4小时后，取100粒用刀片沿种子胚的中心线纵切为二，置于2只盛有3%红墨水的培养皿中15分钟，每皿100个半粒，作待检种子。将另100粒在沸水中煮5分钟杀死胚，同样处理，作对照种子。实验结束后，倒去培养皿中红墨水，用水洗种子至洗液无色，观察染色情况，凡种胚不着色或着色很浅的为活种子，种胚与胚乳着色程度相同的为死种子，计算种子生活力（不能染色的种子百分数），重复3次。

（2）四唑染色法（TTC法）测定　从充分混匀的银柴胡净种子中，用对角线法随机分为四等分，将其中两份种子充分混合后取300粒，每100粒为一次重复。将待测种子在30℃水中预处理4小时，用刀片将种子切开一条缝隙，并将其置于0.2% 的TTC溶液中完全淹没，在黑暗控温箱或弱光下，40℃染色3小时后，取出待测种子，观察胚及子叶的着色情况，以2 /3着色和全着色的种子作为有生活力的种子，其余为无活力种子，计算种子生活力（能染色的种子百分数），重复3次。

6. 种子发芽率检测

从充分混匀的银柴胡净种子中随机取种子400粒，设4次重复，每100粒为一次重复。实验在恒温光照培养箱内用培养皿进行，以3层湿润滤纸为发芽床，发芽温度25℃，光照条件为12小时光照/12小时黑暗，从种子置床后第2天开始统计发芽种子数，直到连续3天未出现发芽种子为止。按下列公式计算银柴胡种子发芽率。

发芽率（%）=（发芽的种子数/供试种子数）×100

7. 种子真实性鉴定

随机从送检样品中称取100g种子，数取其中400粒种子，设4次重复，每次重复100粒种子。根据种子的形态特征，借助放大镜或体视显微镜逐粒观察，对照银柴胡种子标准样品或鉴定图片，根据种子大小、形状、颜色、表面构造及脐部特征等进行鉴定。

8. 种子健康测定

（1）未经培养的种子检查　随机从供试样品中数取400粒种子，置于白纸或玻璃上，设4次重复，每次重复100粒，采用直接检查法检查有明显病害与虫害症状的种子，必要时可用放大镜或体视显微镜对供检样品进行检查，取出带有病虫害的种子，称其重量或数取粒数，计算感染率。

（2）培养后的种子检查　采用吸水纸法，取供试样品随机数取400粒种子，将培养皿内的吸水纸用水湿润，每个培养皿播25粒种子，在25℃下用12小时黑暗和12小时紫外光照的交替周期培养7天，在12～50倍放大镜下检查每粒种子内外部是否存在病原菌。

（二）种子质量标准

1. 外观性状要求

种子外观性状应符合表3-1要求。

表3-1　种子外观性状要求

性状	外观特征
形态	椭圆状或长椭圆状，种皮表面不光滑，有较规则排列的扁圆形、圆形或锥形突起，种孔一端有一弯锥状结构
颜色	表面深褐色或棕褐色
大小	长1.5 ~ 4mm，宽1 ~ 3mm，千粒重1.88g左右

2. 种子质量等级

以发芽率、生活力、含水量、千粒重与种子净度作为分级指标，将银柴胡种子质量分为Ⅰ级、Ⅱ级、Ⅲ级和不合格四个等级，分级结果见表3-2。

表3-2 银柴胡种子质量分级标准

等级	发芽率（%）	生活力（%）	含水量（%）	千粒重（g）	净度（%）
Ⅰ	≥87	≥72	≤10.0	≥2.13	≥95
Ⅱ	67～86	59～72	≤10.0	1.98～2.13	89～95
Ⅲ	47～67	47～59	≤10.0	1.83～1.98	84～89
不合格	＜47	＜47	＞10.0	＜1.83	＜84

3. 评定方法

本标准规定的指标为银柴胡种子质量检验的依据，其中种子外观性状要求为划分银柴胡种子质量等级的前提，如不符合种子外观性状要求则为不合格种子，符合种子外观性状要求的前提下，再根据发芽率、生活力等确定银柴胡种子质量等级。单项指标定级：以发芽率和生活力为主要指标，千粒重为次级指标，净度、含水量为辅助指标来判断种子质量。综合定级：根据种子发芽率、生活力、净度、含水量、千粒重五项指标进行综合定级；五项指标均在同一质量级别时，直接定级；五项指标有一项不合格则定为不合格种子；五项指标不在同一质量级别时，以最低指标作为定级指标。

（三）种苗检验规程

1. 抽样

小心收获种苗，防止伤根、断须和折断根茎。种苗检验应分批次进行，每一苗批采取随机抽样的方法，成捆苗木先抽样捆，再在每个样捆内各抽10株；不成捆苗木直接抽取样株。每一批次按表3-3规定数量进行抽样。

表3-3 种苗检测抽样数量

种苗株数（n）	检测株数（n）	种苗株数（n）	检测株数（n）
$500<n\leqslant1000$	50	$50\,000<n\leqslant100\,000$	350
$1000<n\leqslant10\,000$	100	$100\,000<n\leqslant500\,000$	500
$10\,000<n\leqslant50\,000$	250	$n>500\,000$	750

2. 真实性鉴定

随机从送检样品中按表3-3方法抽样，直接观察或借助放大镜逐株观察，根据种苗大小、形状、颜色、含水量、表面特征等对银柴胡种苗进行真实性鉴定。

3. 净度分析

银柴胡种苗杂质主要为砂土、叶柄残基及破损的根茎，采用水分离法与筛选法清除银柴胡种苗杂质。水分离法：取新鲜银柴胡种苗用清水洗去砂土及其他杂质。筛选法：用0.5cm孔径筛子去除砂土及其他杂质。清除种苗杂质时，每个处理取100株种苗，各进行4次重复，按以下公式计算银柴胡种苗去杂效果。

种苗去杂率（%）=（银柴胡种苗净重/银柴胡种苗总量）×100

4. 种苗直径

用游标卡尺量取银柴胡种苗上端最粗处直径，随机测定100株，求其平均数作为种苗直径，精确到0.1mm。

5. 根重

随机取银柴胡种苗100株，用天平分别称取重量，精确到0.01g，求其平均数作为银柴胡单株平均重量。

6. 根长

随机取银柴胡种苗100株，用直尺或钢卷尺量取从主根茎基部至根尾生长点的长度，求其平均数作为银柴胡单株根长，精确到0.1mm。

7. 侧根数测定

随机取银柴胡种苗100株，数取主根上直径大于1mm的一级侧根数，求其平均数作为银柴胡单株侧根数。

8. 带芽率与出芽数测量

随机取银柴胡种苗100株，分别测量其芽眼数，求其平均数作为带芽率，然后将材料种在试验盆中，等出苗时测量其最终出苗数目，求其平均数作为出芽数。

9. 健康检查

病虫害检验按照《植物检疫条例》有关规定执行。随机选取100株种苗，逐一观察，检查种苗的完整程度，有无折断或损害、虫蛀、霉变、病害等现象，考察种苗外观色泽、侧根数、种苗病斑程度等，记录缺损、虫蛀、霉变和病害种苗个数，用种苗完好率表示种苗受危害程度。

$$种苗完好率（\%）=（完好种苗数/检测种苗数）\times 100$$

10. 品种纯度检验

品种纯度检验应在银柴胡种苗播种后植株生长期进行，采用对角线五点取样法取样，取样比例1%，最多不超过1000株，依照银柴胡主要形态特征，对被检植物逐株进行鉴定，并按下列公式计算。

$$P（\%）=（N_1/N_2）\times 100$$

式中：P——品种纯度；N_1——取样植物中确定为银柴胡的植株数；N_2——取样总株数。

（四）种苗质量标准

1. 外观性状要求

根条新鲜，色泽正常，含水量65%～75%，大小均匀、充实，圆柱形，主根长、无（或少）分支、无伤损或检疫对象病虫害，外皮淡黄色，根头部略膨大，顶芽饱满、完整、无病斑、伤口，无地上苗叶。种苗不鲜艳，有畸形，破裂、腐烂等病虫害或机械损伤的均为等外品。休眠期采挖，以挖后即栽为佳。

2. 种苗质量等级

种苗质量等级见表3-4。

表3-4 种苗质量等级

等级	根粗（mm）	根长（cm）	出苗率（%）	侧根数	纯度（%）	净度（%）
一级	≥8	≥25	≥95	≤2，不明显	≥98	≥95
二级	≥5	≥20	≥85	≤4，侧根细	≥98	≥90
三级	≥3	≥15	≥80	≤4	≥95	≥85
不合格	<3	<15	<80	>4	<95	<85

3. 评定方法

合格种苗首先应考察外观性状要求，外观性状要求达不到标准的为不合格种苗，达到要求者以表3-4指标分级。

种苗长度、出苗率、品种纯度中任一项指标达不到表3-4中三级银柴胡种苗质量规定的要求，其他指标即使合格，亦为不合格种子。各级银柴胡种苗中低于该级标准的种苗（低级苗）比例不得超过5%，超过5%的应重新分级。

分级时，首先看种苗长度、出苗率、品种纯度指标，以根长、出苗率、品种纯度所达到的级别确定种苗级别，如根长、出苗率或品种纯度指标均达一级苗要求，种苗可为一级；如根长、出苗率或品种纯度中任一指标只达二级苗要

图3-3　不同等级的银柴胡种苗

求，其他两个指标即使达到一级苗要求，该种苗最高也只为二级。在根长、出苗率或品种纯度达到要求后，按根粗、侧根数、净度指标分级，如根粗、侧根数或净度达不到三级要求，则为不合格种苗。种苗分级必须在荫蔽背风处，分级后要做好等级标志（图3-3）。

四、大田直播技术

1. 选择地块

银柴胡为耐干旱、耐贫瘠的沙生深根系植物，选择地势高、干燥、阳光充足、土层深厚、透水性良好的松砂土或砂壤土种植，黏土地、盐碱地、地下水位高的地方不宜种植（图3-4、图3-5）。

图3-4　银柴胡大田生长

图3-5　银柴胡大田群落

2. 整地做畦

灌淤土、半阴湿山地应于秋后深翻30cm以上，淌足冬水次年播种前施足底肥（腐熟农家肥），深耙、耱平。沙生草原地区应在播种前施足底肥、灌足水，保持土壤湿润，深耙、耱平。底肥以农家肥为主，辅以适量化肥，一般每亩施优质农家肥2000kg，磷酸二铵10～15kg。

3. 种植方法

有灌水条件地区、半阴湿山区宜于4月上中旬开沟条播，当年可收种子。土壤干旱时，可于5月上旬田间淌水后，再行播种，以利全苗。播种时按行距30cm左右开沟，每亩用种量1～1.5kg。

沙生草原区，因春季风多，沙暴频繁，常使种子裸露，出苗不全和幼苗经受不住春季恶劣气候的侵袭，因死苗而出现缺苗断垄现象。经试验证明每年8月上中旬为最佳播期，播种行距30cm，亩留苗1.6万株，银柴胡出苗和长势良好，能安全越冬，次年春季幼苗见青时间较春播提前30～40天，大风沙暴来临，根已牢固伸入松砂土壤，地上苗也较坚挺，能顺利越过春季的恶劣气候。没有灌溉条件，可根据降雨情况及时抢种。

4. 田间管理

（1）间苗、定苗及中耕除草　当株高7～8cm时，按株距4～5cm进行间苗；株高10～12cm时，按株距10～12cm定苗。地上植株封垄前，及时中耕除草；当植株长高完全封垄覆盖地表后，无需中耕除草。

没有灌溉条件的旱地种植可参照上述操作，间苗、定苗可酌情掌握，过密者可适当结合除草间苗。

（2）追肥　每年5月至植株封垄前，追施尿素或氮、磷、钾复合肥1～2次，每亩每次10～20kg，施后立即淌水。

沙生草原区和山区旱地可在降雨前参照上述方法进行追肥。

（3）排灌　除结合追肥淌（灌）水外，在整个生长期不另行淌水，特别要注意田间不可积水。6月下旬至8月中旬，若特别干旱无雨，茎叶萎黄，可淌过水1～2次（即大水流过，田间不留明水），每年秋末冬初要灌足冬水。

沙生草原区灌水也应掌握尽量少用水的原则。

5. 技术要点

为使种子提高发芽率，土壤湿润时播前可用水（常温）浸种12小时左右（注意：土壤干旱时不可浸种），沥干水分，即可播种，按行距30cm左右开沟，将种子拌以适量细沙，均匀播入沟内，覆土1.0～1.5cm为宜，稍踩压。为提高出苗率，旱作区需保墒播种。一般选择雨季播种，采用直播方式，覆土1.0～1.5cm为宜，稍踩压。

五、覆膜保墒机械化种植技术

（一）播前准备

1. 种子处理

选择杂质少、籽粒饱满的种子。银柴胡种子无休眠性，容易失去种子活力，因此最好选择当年收获或保存期不超过2年的种子，可以保证平均出苗率在80%以上，超过2年以上的种子发芽率很低，有些甚至不足10%，因此播种前建议做简单的发芽试验，以便确定播种量。

2. 选地整地

银柴胡覆膜穴播种植应选择土层深厚、透水性良好的松砂土或砂壤土种植，前茬作物为小麦、豆类和歇地为好，前茬作物收获后及时深耕25～30cm。雨季适时收耱，合口保墒，为播种创造良好条件。

3. 施肥

当年前茬作物收获后结合秋深耕施足底肥，以有机肥为主，配以适量化肥。一般每亩撒施优质农家肥2000kg左右，人工或机械撒施均匀，磷酸二铵10～15kg，采取撒肥机进行撒施，肥料

图3-6　银柴胡机械施肥作业

撒施应均匀一致，每个作业行程接趟保证不漏、不重。施用的农家肥应符合NY/T 496—2013的规定。主要配套机械：撒肥机（图3-6）。

4. **整地**

秋季施肥后及时机械深翻，耕地深度25～30cm，晒田熟土，接纳雨水，遇雨及时收耱，合口保墒，以免养分散失和土壤跑墒，达到上虚下实，为播种制造良好的土壤条件，平整地表。待翌年春季（2月下旬至3月中旬）利用农户使用的磙子碾压土地，保墒提墒，平整土坷垃，雨后播种，主要配套机械：深松机、铧式翻转犁机、旋耕机（图3-7、图3-8）。

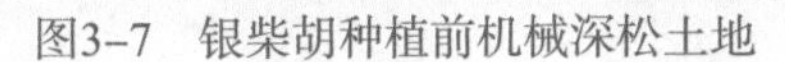

图3-7 银柴胡种植前机械深松土地

图3-8 银柴胡种植前机械碾压土地

（二）覆膜播种

1. **种植方式**

目前银柴胡种植有直播和移栽两种方式，在降水少的雨养农业区，建议采用秋季覆膜秋季直播或者秋季覆膜春季直播方式，以便最有效地利用土壤水分，提高出苗率。

2. 种植密度

根类药材种植密度应根据药材品种特性和土壤情况而定。银柴胡为多年生深根类药材，生长第二年后的植株具有较好耐旱能力，但苗期普遍存在一定死苗现象。因此，为了保证足够的成苗，前期播种量大些，待成苗后，通过间苗等措施除掉，最终亩株数控制在1.4万～1.6万株。

银柴胡直播田，覆膜穴播每膜种植5行，行距25cm，穴距15cm，亩穴数1.8万穴，每亩用种量0.5～0.8kg；银柴胡育苗田覆膜穴播，每膜种植9行，行距14cm，穴距15cm，亩穴数3.2万穴，每穴6～8粒种子，亩保苗18万～22万株，每亩用种量1.5kg。

3. 播种时间

秋季覆膜秋季穴播，一般在8～9月完成。秋季覆膜春季穴播，一般在第二年春季4月中下旬完成。

4. 选膜

选用的地膜应符合GB/T 13735—1992的规定。要求0.01mm以上厚度的强力耐划黑色地膜，因黑色地膜保温、增温效果比白色膜差和抑制杂草生长效果比白色膜好的特点，更有利于银柴胡的生长，幅宽以120cm为宜。

5. 机械秋季覆膜+春季膜面播种

秋季覆膜的主要作用是抑制土壤水分蒸发，减少水分损失，巧借秋雨抗春旱，解决因春季墒情差无法播种的难题。秋季覆膜一般在11月上旬及土壤墒情最佳时期覆膜，覆膜机选用2MB-1/4型机械式精量覆膜穴播机，覆膜前取掉穴播轮即可做覆膜机使用，动力机械为254型或304型拖拉机，膜间距可根据拖拉机轮胎宽度决定，一般留25cm，膜面100cm。覆膜后在膜面上每隔2m打一土腰带，以防大风揭膜。

（1）穴播前的机械改装　在穴播前首先将四轮拖拉机的四个轮胎反装，因轮胎反装后拖拉机轮胎距离100cm，与膜面宽度一致，机械作业时正好按膜间距行走，做到了机械穴播时不损坏地膜。2MB-1/4型机械式精量覆膜穴播机，播种前取掉覆膜装置即可做膜上穴播机使用，可根据中药材品种、种子大小和形状选择和调试穴播轮，做到播种时每穴下种量为3～5粒。

（2）膜面机械穴播　将改装好的四轮拖拉机和穴播机装好，顺着秋季覆膜地的膜间距行走播种即可，行走时注意不要走到膜面上，以防压坏地膜，直播田在播种机上装5个穴播轮，穴播轮间距调到20cm。播种时卸掉穴播机后面的镇压装置，防止穴播时镇压膜面和打孔种植的穴错位。育苗田穴播方法同直播田，第一次直播完成后，卸掉一个穴播轮，将剩余的4个穴播轮位置调至第一次穴播的穴行距中间反方向穴播即可。主要配套机械：2MB-1/4型机械式精量覆膜穴播机，254型或304型拖拉机。

6. **播期覆膜+播种一体化**

可根据土壤墒情春秋均可播种，以秋季播种为好。选用2MB-1/4型机械式精量覆膜穴播机，可一次性完成覆膜穴播作业，膜间距可根据拖拉机轮胎宽度决定，一般留25cm，膜面100cm。每膜种植5行，行距25cm，穴距15cm，亩穴数1.6万穴，每亩用种量0.8kg，穴直径4cm，播种深度2～3cm，每穴点种3～5粒种子。该技术除了具有地膜覆盖的保墒、增温、增光和抑制田间杂草的作用外，最主要的是加强农艺与农机的深度结合，全膜覆盖、打孔播种、覆土镇压等多工序一次性完成，提高工作效率，减少劳动力投入。主要配套机械：2MB-1/4型机械式精量覆膜穴播机、254型或304型拖拉机（图3-9、图3-10）。

图3-9　银柴胡播种机直播

图3-10　银柴胡机械覆膜穴播

（三）田间管理

1. **护膜**

宁夏中部干旱带春季多大风天气，播种后要经常检查，对大风吹起的地膜和膜上较大的破孔，要及时压土固膜。

2. 间苗、定苗

当株高7～8cm时，按每穴2～3株进行间苗，在地上植株封垄前，对从播种孔长出的杂草要及时拔除及时中耕除草，当植株长高完全封垄覆盖地表后，则不需中耕除草。

3. 田间管理

翌年3月下旬至4月上旬银柴胡返青后进行中耕松土保墒处理。6月中旬采用人工除草和机械化喷施高效、低毒、低残留农药防治田间杂草与病虫害，花期和气象部门对接进行雨前追肥，每亩追施磷酸二铵10kg、尿素5kg；8月下旬至9月上旬进行银柴胡种子采收。第三年重复第二年3～9月上旬的技术措施，10月中旬进行机械采挖。

六、育苗移栽技术

（一）种苗繁育生产技术

1. 选地整地

银柴胡育苗地应选择土层深厚、透水性良好的松砂土或砂壤土种植，前茬作物以小麦、豆类和歇地为好，当年前作收获后及时深翻20～30cm，达到上虚下实，结合秋深耕施足底肥。以有机肥为主，配以适量化肥。一般每亩撒施优质农家肥2000kg左右，磷酸二铵10～15kg。

2. 播种

根据银柴胡生长习性，在干旱、半干旱地区，应选择秋季育苗技术，同时可选择秋季移栽，其优点一是利用春夏期间的歇地在杂草种子没有成熟前耕翻，增加了土壤有机质，减少了土壤中杂草种子的数量，有效防止田间杂草危害；二是结合三伏天翻地，可以晒死虫卵，真菌孢子及杂草，减轻病虫草害的发生；三是可以充分利用银柴胡产区自然降雨（尤其是7～9月多雨季节），确保种子发芽及苗期墒情，有利于提高发芽率及保苗率。

秋季育苗可采用露地直播+微喷灌育苗技术，具体方法如下。

（1）种子处理　最普遍的方法是高温浸泡法：先将种子放在大盆内，倒入40～50℃的水，以水淹过种子10～15cm为宜，不断搅动待水温降至常温时，再浸泡4～5小时，然后沥干水分，晒种24小时即可。

（2）播种方法　有撒播和机械条播两种，撒播时每亩用种量5kg，拌以适量细沙（一般掺沙子5kg），均匀撒到地里后进行耙磨即可。机械条播行距15cm，亩播种量2kg，播深1.5～2cm。

（3）微喷灌补水　播种后7天，根据土壤墒情节水喷灌补水一次，亩补水量10m^{3}左右，保证银柴胡出苗。

3. **田间管理**

（1）间苗、定苗　当株高7～8cm时，结合中耕除草按株距2～3cm进行间苗；亩保苗15万株左右。间苗、定苗可酌情掌握，可结合除草进行间苗。

（2）中耕除草、追肥　翌年3月下旬至4月上旬银柴胡返青后进行中耕松土保墒处理。5月至植株封垄前，每亩追施磷酸二铵10kg、尿素5kg，施后立即喷灌补水。

4. **起苗**

结合种植季节，可在9月初或植株地上部分开始枯黄或第二年4月初未萌芽前，即可起苗移栽。银柴胡为直根系，入土较深，鲜根质地较脆，易断，故采挖时须从田块的一侧顺行开沟，顺向另一边挖掘，根挖起后，抖净泥土，趁柔软时，理顺、捆成小把即可（图3-11）。

图3-11　起挖银柴胡种苗

（二）银柴胡机械化移栽种植技术

长期以来，药材移栽一直是人工移植方式，劳动强度大，移栽株距不均匀，移栽深度不一，造成移栽质量差，成活率低，效率低。机械化移栽种植技术的使用，可实现生产效率高，劳动强度低，移栽深度和行距可以进行调整，并且深浅株距一致，大大提高了移栽质量和效率。每天可实现栽植10～15亩，移栽费用大大降低，作物生长成熟期一致，便于田间管理，产量增加，经济效益明显提高。

1. 种苗选择

应选择一年生的种苗，即秋季移栽的银柴胡苗为上一年秋季播种的，春季移栽的银柴胡苗为上一年春季播种的。应选择优质无病虫害，无（或少）分支、无伤损或病斑的种苗，以根头见芽而无萌发的种苗为好。种苗应达到质量等级三级以上规格，以主条粗0.5cm以上、根长25cm以上，每千克种苗300株左右为好。尽管种苗规格越大越有利于移栽后生长，但考虑成本因素，一般每亩控制在70～80kg用量为好。

2. 机械化移栽

采用拖式药材苗种移栽机，装在四轮拖拉机的悬挂上，利用拖拉机的悬挂将机器拉入进土，工人坐在机器的上面，将药苗投入到种植口中，后面的压土轮再进行二次碾埋，能更好地将药材苗种在土里，移栽行距为25cm，平栽沟深8～10cm，株距13～17cm。亩保苗1.5万～2万株（图3-12）。

图3-12　银柴胡种苗机械化移栽

3. 田间管理

翌年3月下旬至4月上旬银柴胡返青后进行中耕松土保墒处理。6月中旬采用人工除草或化学除草。喷施高效、低毒、低残留农药，使用除草剂符合NY/T 1276—2007《农药安全使用规范总则》，花期和气象部门对接进行雨前追肥，每亩追施磷酸二铵10kg、尿素5kg；8月下旬至9月上旬进行银柴胡种子采收。移栽2年后的10月中旬可进行机械采挖。

七、病虫草害及其综合防治

（一）银柴胡病虫害防控策略

本着预防为主的指导思想和“安全、有效、经济、简便”的原则，采取综合防治的策略，主要采用农业、物理、生物防治技术，保证银柴胡的品质及产区的生态环境。允许使用植物源农药、动物源农药和微生物源农药；在矿物源农药中允许使用硫制剂和铜制剂；严格禁止使用剧毒、高毒、高残留或者具有三致（致癌、致畸、致突变）的农药；如生产上实属必需，允许有限度地使用部分有机合成化学农药，并应严格按照农药无公害使用相关规定使用。坚持农业、物理、生物、化学综合的防控策略。

（1）农业防治　早春和晚秋清理干枯的残、枯、病、虫枝条连同园地周围的枯草落叶，集中烧毁消灭病、虫源。每年春季统一清园，可大量减少越冬虫口基数。

（2）物理防治　早期对害虫集中为害可采用人工移除、杀虫灯、黄板和性诱剂防治，发现病害植株应立即带土拔出集中销毁，在病穴中施石灰以防蔓延。

（3）生物防治　利用银柴胡种植区有大量天敌，如瓢虫、小花蝽、草蛉、食蚜蝇、蜘蛛等，实现天敌的自然控制作用。

（4）化学防治　使用农药应符合NY/T 1276—2007《农药安全使用规范总则》，对大面积发生的病虫害，可采用化学防治。喷药机选用悬挂式喷杆喷雾机，动力机械为554型拖拉机，工作效率为每小时40亩。采用该方法施药，可亩节约人工防治成本12元，提升植保作业水平和作业效率，降低农药残留。

（二）主要病虫害种类与防治方法

银柴胡主要病害有根腐病、霜霉病和白粉病，虫害主要有蛴螬、蚜虫和巨膜长蝽。

1. 根腐病（烂根病）

（1）症状与发病规律　主要为害根部，根尖或侧根发病并向内蔓延至主根，发病时，叶片发黄，根腐烂发臭。病菌在土壤中和病残体上越冬，暑天常因田间灌水过多或连续雨天，排水不良引起发病。高湿和光照不足，是引发此病的主要原因，沙生草原区和山区旱地种植很少有烂根病发生。土壤黏性大、易板结、通气不良致使根系生长发育受阻，也易发病。另外，根部受到地下害虫、线虫的危害后，伤口多，有利于病菌的侵入（图3-13）。

图3-13　银柴胡根腐病

（2）防治方法　①农业防治：选择透水性良好的土壤种植，控制灌水量，田间不留明水，雨后及时排水。与小麦、玉米、马铃薯等作物轮作，深耕土壤，增施有机肥。②化学防治：选择多菌灵、甲基立枯磷、噁霉灵颗粒剂、甲霜灵顺播种沟撒施进行土壤处理。③生物防治：播种时将哈茨木霉菌制剂顺播种沟撒施。

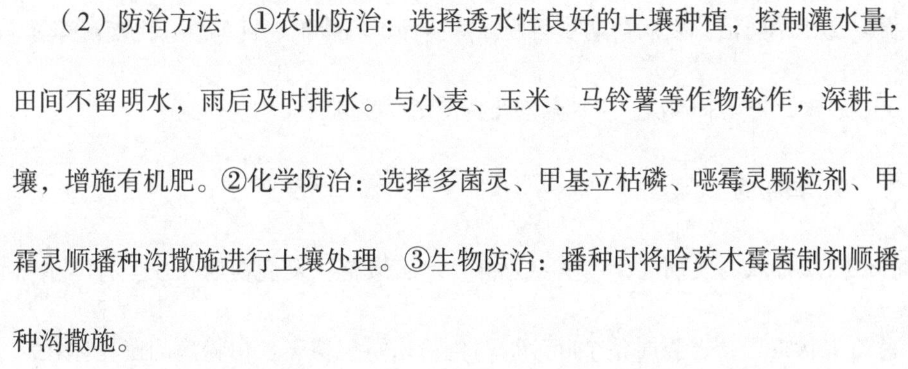

2. 霜霉病

（1）症状与发病规律　此病主要发生在温度与湿度较高的季节，主要为害叶片，发生不甚明显的黄棕色病斑，湿度大时，病斑叶背面有一层灰白色霉状

图3-14　银柴胡霜霉病

物，叶片渐枯，主茎顶稍扭曲、畸形，根部停止生长、植株死亡。每年5月开始发病，植株封垄，田间郁闭，温度高时，病害常连片发生。霜霉菌以卵孢子在土壤中、病残体或种子上越冬，成为次年病害的初侵染源，卵孢子从植物的芽鞘侵入后，菌丝随寄主生长点侵入全株，引起全株性症状，生长季由孢子囊进行再侵染，霜霉菌主要靠气流或雨水传播（图3-14）。

（2）防治方法　①农业防治：清除感病叶片、病茎和病花，减少侵染来源。②化学防治：发病初期喷洒瑞毒霉锰锌、乙磷铝、百菌清、代森锰锌等，6天喷1次，连续3～4次。各种药剂交替使用，喷洒时应均匀周到。

3. 白粉病

（1）症状与发病规律　主要为害叶片、嫩茎，发病初期叶片上有零星白色粉末状霉层，严重时整个叶片被白色粉末霉层覆盖。白粉病的菌丝体在病芽、病枝或落叶上越冬，分生孢子进行传播和侵染。分生孢子在叶片萌发，从叶片气孔进入组织内吸取叶片的养分。该病害发生的主要原因是光照不足，通风不良，空气湿度大。

（2）防治方法　①农业防治：生长期间及时摘除染病枝叶，彻底清除落叶，剪去病虫枝和中下部过密枝，集中销毁。增施磷、钾肥，少施氮肥，使植株生长健壮，多施充分腐熟的有机肥，以增强植株的抗病性。②化学防治：病害发生初期，用三唑酮、百菌清等药剂连续叶面喷雾处理2次，间隔7天。③物理防治：选用新高脂膜叶面喷雾隔离处理。

4. 蛴螬

又名地蚕、胖头虫，属鞘翅目金龟子科。以幼虫为害（图3–15）。

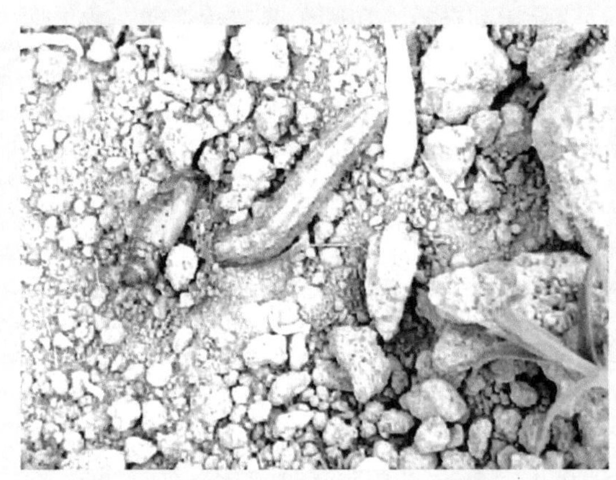

图3–15　蛴螬幼虫（左）与成虫（右）

（1）发生规律　银柴胡育苗地主要地下害虫。咬断根苗或咬食根部，造成田间缺苗断垄或根部空洞。幼虫主要发生于4～5月以及秋季苗地，年生活史1代，5～6月是成虫发生期，6月至第二年4、5月是幼虫危害期。傍晚是成虫活动期，有趋光习性。

（2）防治方法　①农业防治：深耕耙地，平衡施肥，多施腐熟的有机肥，忌用生粪，人工捕捉。②化学防治：每亩用70%辛硫磷1.5kg兑细土40kg进行土壤处理。③物理防治：田间安装智能太阳能杀虫灯。每3hm^2安放1～2台杀虫灯。

5. 蚜虫

（1）发生规律　5～7月是危害期，造成成片银柴胡丛矮、叶黄缩、早衰，局部成片干枯死亡。

（2）防治方法　①农业防治：清除田间杂草，田间干湿交替管理。②化学防治：选择阿维菌素、吡蚜酮等药剂进行叶面喷雾处理，连续防治2次，间隔7天。喷雾应在天气晴朗、无风的傍晚进行，交替使用所选药剂。③生物防治：人工释放天敌多异瓢虫，将天敌以蛹态分装于硬纸袋中，悬挂在银柴胡叶背遮阴处。

6. 巨膜长蝽

（1）发生规律　巨膜长蝽是半翅目荒漠昆虫，食性杂，喜食菊科、旋花科、禾本科等多种杂草，一年只发生1代，危害盛期在5月上中旬，虫源来自周边荒漠草原区，危害途径是荒漠草原向大田迁飞，定殖扩散危害，有滞育现象。

（2）防治方法　①农业防治：清理干净地埂边上的水蓬，起到清除虫源的效果。②化学防治：选择50%辛硫磷乳油1500倍液、50%杀螟松乳油1000倍液喷雾处理，连续防治2次，间隔7天。

（三）恶性杂草防除

1. 人工除草

人工除草应结合中耕进行，出苗期不宜除草，以免拔除杂草时，将银柴胡幼苗带出。苗地杂草不宜超过10cm。拔除的杂草应及时清理出苗地。

2. 化学除草

考虑到银柴胡药材的安全性及质量，在银柴胡生长期间禁止化学除草。但在草害非常严重情况下，可考虑使用低毒、无公害、无残留的化学除草剂。

（1）芽前除草　适用药剂为乙草胺，施用时期为杂草芽前，施用方法为喷雾或随水滴施。

（2）芽后除草　适用药剂为精喹禾灵、高效氟吡甲禾灵等防除禾本科杂草，选用氟磺胺草醚或乙氧氟草醚防治阔叶杂草，施用时期为杂草2～4叶期以前，施用方法喷雾或随水滴施。

（四）技术要点

1. 病害防治

银柴胡主要病害有根腐病、霜霉病等。防治过程应坚持“综合防治”、防重于治的原则。在发病初期，及时防治。

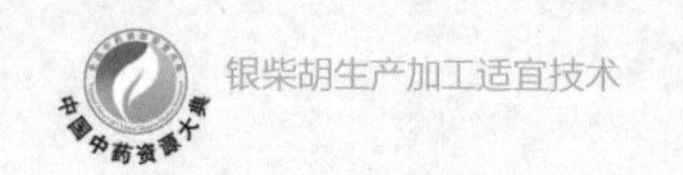

2. 虫害防治

主要虫害为蛴螬，施用腐熟的有机肥，忌用生粪，移栽前用50%辛硫磷每亩1.5kg土壤处理（图3–16、图3–17）。

图3–16 银柴胡人工喷药

图3–17 银柴胡机械喷药

第4章

银柴胡采收与产地加工

一、种子采收

一般在9月中旬至10月下旬，植株地上部分开始枯黄，种子成熟，于晨间有露水时割取地上部分，晒干，打下种子，除去未成熟种子。第一年产种子一般每亩10kg，以后每亩每年可产种子20～30kg。

二、药材采收

（一）采收时间

银柴胡药用部位为地下根，根据调查，人工种植3年以上，其药用成分的积累才能达到药典要求标准，因此一般建议在种植3～4年才可采挖。根据银柴胡在生长期的特点，一般在9月上旬（白露前后）或第四年3月底至4月初采挖。

（二）采收方法

1. 人工采收

银柴胡为直根系，入土较深，鲜根质地较脆，易断，故采挖时须从田块的一侧顺行开沟，顺向另一边挖掘。根挖起后，抖净泥土，晒至六七成干时，趁柔软时，理顺、捆成小把，晒干即可。晾干过程要注意：银柴胡干品也较脆，为防止根梢折断，在将根的中部进行捆扎时，也应趁柔软时将根梢捆扎起来。晒干过程不得受冻，以免引起“曝皮”（即根皮曝起），影响质量。

人工采收劳动强度大，人工投入大，采挖效率低，但药材损耗小，起净率高。适于小面积种植农户。

2. 机械采收

目前，由于种植生产多以合作社为主，种植面积较大，易采用机械采挖（图4-1～图4-3）。具体可参考以下操作技术。

图4-1　银柴胡采挖机

图4-2　银柴胡大田采药

图4-3　银柴胡机械采收后药材整理

（1）作业机组准备　①应选择适合干旱地区药材采挖的高效专用机械设备。②机械作业前需将机械调整到田间作业的良好技术状态，技术参数应符合地方农艺种植要求。③机械作业时由拖拉机牵引采挖机，驾驶员应具有相应驾驶证，能够掌握药材采挖机的关键操作要领，掌握维护保养、常见技术故障排除等基础知识，掌握机械作业的注意安全事项。

（2）作业技术参数　挖掘深度：30～60cm；配套动力：90～165马力；采挖成品率：68.0%；起净率：72.2%；工作宽幅：1.0～1.6m；整机重量：1190kg；采挖深度40～45cm；日采挖面积30亩。

（3）作业操作要点　①仔细阅读使用说明书，认真观看操作指南。②进田作业前，要清理采挖机松土铲上的缠草、泥土，确保状态良好，并按说明书的要求对拖拉机及采挖机的各传动、转动部位加注润滑油，尤其是每次作业前要注意察看传动链条润滑和张紧情况以及采挖机上螺栓的紧固情况。③经悬挂架将机具固定在大型四轮拖拉机后悬挂上，传动轴经其上的动力输入轴与拖拉机上的输出轴相连接。④连接好后，调节支撑轮到最低档，启动后传动，再将松土铲插入土壤中，同时，采用爬行档开动拖拉机；如果深度不够或设备与地面不平行，调节拖拉机与采挖机之间的上拉杆。⑤采挖结束后，拖拉机停止前行，升起液压装置，关闭后传动，清理设备，将机架架空放在干燥的库房中，并盖上油布，以免机器受潮、暴晒和雨淋。

（4）作业注意事项　①进行使用前的清理。做好润滑、调整、紧固等各项工作，这样就避免了冬天农机长时间闲置带来的不同零部件间出现的松动和涩滞。以确保机具以良好的技术状态投入作业。②采挖时，土壤不宜过干或过湿，建议在早晨或雨后2～3天进行采挖。③为保证采挖质量，在进行大面积采挖前，一定要坚持试挖20m，观察采挖机工作情况，确认采挖条件，再进行大面积采挖。④采挖前把药材的地上部分清理干净，防止采挖时松土铲大量土拥堵和振动筛网堵塞。⑤采挖时，一定要先开启拖拉机后传动，再将松土铲插入土壤中前进。⑥采挖过程中，需隔行采挖（隔行宽度为150cm），以保证工作时机架两端水平。⑦采挖后，清理设备，将机架架空放在干燥的库房中，并盖上油布，以免机器受潮、暴晒和淋雨。

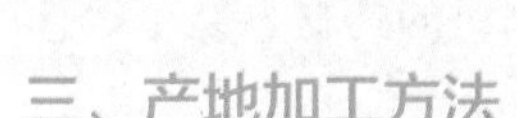

三、产地加工方法

产地加工是银柴胡在采收后进行的第一个加工过程，其目的在于：①除去药材杂质和非药用部分，保持药材纯净；②快速降低药材水分，防止霉烂变质；③减少有效成分的分解损失，保证药效；④对药材整形、分等，利于按质论价；⑤进行初步处理，有利于药材的进一步加工炮制；⑥便于贮藏和运输。经产地加工的银柴胡要求达到形体完整，身干无杂质，色泽好，不变气、味，有效成分破坏少等，产地加工对银柴胡药材商品形成、饮片加工、市场流通和临床使用等具有重要意义。

1. 分拣

采收的银柴胡鲜根应及时进行分拣。人工用手挑拣、去除混在药材中的杂质、剔除破损、虫害、腐烂变质的部分，将药材按大小、粗细等进行分档，以使药材洁净或便于进一步加工处理。采收后的银柴胡分拣工序应设工作台，工作台表面应平整，不易产生脱落物。

2. 干燥

银柴胡干燥可采用传统自然干燥，也可采用现代热风干燥。

自然干燥一般在银柴胡采挖后，将药材运至晒场，进行晾晒。在晾晒过程中做好防雨、防霉、防冻等措施，以避免药材“爆皮”、霉烂。干燥过程要及时翻晒，同时将有病斑的药材、杂草等拣出。当水分失去到一定程度后，根变得有韧性时，将药材进行整理，去除多余芦头和茎叶，按根长、根头直径分级，分级后按等级绑成小捆，继续晾干。晾干后的药材需保存在卫生、干燥、冷凉、通风的库房内（图4–4）。

图4–4　自然干燥银柴胡药材

热风干燥是目前采用较普遍的人工干燥方法，可以克服自然干燥外界环境影响、干燥时间长、易变质等不足，提高干燥效率，减少污染等。目前，主要使用的有烘床、烘房等不同形式的干燥设备，可结合生产者的加工规模、资金状况、热能产生方式等进行选择。目前“并联穿流式”热风干燥技术是银柴胡产地常用的一种高效干燥方法，其干燥效率比同类干燥方法（平流式）提高60%，节能提高40%左右。烘干后的银柴胡含水量应控制在10%～12%（图4-5、图4-6）。

图4-5　“并联穿流式”热风干燥机

图4-6　“并联穿流式”热风干燥银柴胡药材

3. 初加工注意事项

加工场地应清洁、通风，具有防雨，防鼠、虫及禽畜的设施。作为根类药材，在整理时应注意用绳适当捆绑，防止药材变形，存放应顺直放，避免斜放。晾晒要经常翻转倒垛，注意通风，底部要有防潮防水的枕木，要有通风的空隙，同时也要防止暴晒，禁止雨淋。

4. 技术要点

银柴胡鲜根与干根均较脆，采挖时应注意避免断根，产地加工时要趁药材柔软时将根中部与根梢捆扎起来干燥，晒干过程不得受冻，以免引起“曝皮”（图4-7、图4-8）。

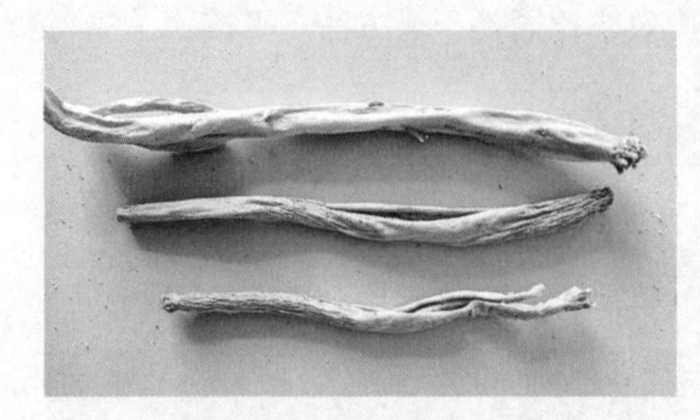

图4-7 曝皮药材

图4-8 银柴胡药材

四、药材包装、储存、运输

1. 包装

用于包装的银柴胡药材含水量应控制在12%以下，包装前应检查并清除劣质银柴胡及异物。包装应采用食物或药品级别的无公害材料进行，包装材料应清洁、干燥、无污染、无破损，除可循环使用材料制成的包装原料外，包装材料不能重复使用。所有包装要贴上标签，标签内容包括植物名称、药用部位、规格、重量、产地、销售单位名称、地址、生产日期、储藏条件等。标签必须打印清晰、粘紧，并且符合原料加工国及出口国的标签条例。

2. 储存

将包装好的银柴胡置于干燥、避光、不靠墙、离地的容器里保存，存储过程中应注意通风、防鼠、防虫、防禽畜等。

（1）仓库设施　银柴胡采用阴凉库储存，仓库地面应整洁、无缝隙、易清洁，温度不高于20℃，相对湿度在60%～75%。库区划分为合格品区和待检品区。

（2）入库验收　检查入库银柴胡是否符合质量要求，并去除不符合质量要求的药材。

（3）在库管理　银柴胡药材的在库日常养护是保证药材质量的重要环节。首先利用空气的自然流动或排风设备使库内外的空气及时交换，达到调节库内空气及温湿度的要求。其次对库房、贮藏踏板及容器保持清洁和定期消毒，以杜绝害虫、霉菌等的传播生存，防止药材发生虫蛀、霉变、腐烂、泛油等现象。

3. 运输

运输车辆要及时清洗、消毒，使其适宜运输食物或药品级产品，确保清洁。运输容器须干燥，具有较好的通气性，并有防雨、防潮措施。银柴胡批量运输时，禁止与其他有毒、有害、易串味物质混装。

第5章

银柴胡药材质量评价

一、药材沿革

银柴胡最早出现于公元420—470年南北朝时期雷敩撰写的《雷公炮炙论》中柴胡项下，曰："凡使茎长软，皮赤，黄髭须。出在平州平县，即今银州银县也……凡采得后须去髭并头，用银刀剥上赤薄皮少许，以粗布拭了，细锉用之"。可见，银柴胡是以其产在银州银县而得名的一种柴胡，银州银县即今陕西榆林一带。但《雷公炮炙论》中提到的银柴胡为中药柴胡的重要品种之一，是伞形科植物红柴胡（*Bupleurum scorzonerifolium* Willd.），以根部入药。此后一直无银柴胡相关记载，直至唐代，《唐本草》记载："柴胡，唯银夏者最良。根如鼠尾，长一二尺，香味甚佳。"宋代《本草图经》记载："柴胡，以银川者为胜。二月生苗，甚香，茎青紫，叶似竹叶而稍紧，亦有似斜蒿，亦有似麦门冬而短者；七月开黄花，生丹州结青子，与他处者不类。根赤色，似前胡而强；芦头有赤毛如鼠尾，独窠长者好。二月、八月采根暴干。"银州柴胡在宋代受到重视，但在《本草图经》"寿州柴胡"的插图中发现，其植物特征为叶对生，花顶生，并非伞形科柴胡属植物。在《绍兴本草》中也有一幅"银州柴胡"插图，其形状与"寿州柴胡"类同，从图的特征判断该植物具有石竹科植物的特征，因而自宋代起，中药柴胡的原植物发生了变化，出现了石竹科植物。到了明代，虽仍以"银州柴胡"为上品，但在应用中已经发生变化。李时珍《本草纲目》记载："银川，即今延安府神木县，五原城是其废迹。所产柴胡，长尺余而微白且软，不易得也。近有一种根似桔梗、沙参，白色而大，市人以伪充银柴胡，殊万气味，不可不辨。"显然这里所说的伪充银柴胡并非伞形科植物，且在市场中开始流通。《百草镜》中也有提到银柴胡，"银柴胡出陕西宁夏镇。二月采叶，名芸蒿。长尺余微白，力弱于柴胡"。明代缪希雍修订的《神家本草经疏》云："俗用柴胡有二种，一种色白黄而大者，名银柴胡，专用治劳热骨蒸；色微黑而细者，用以解表发散。"这里所说的银柴胡与李时珍《本草纲目》所载"伪充银柴胡"应属于同一类，与现代的石竹科植物银柴胡外形相似。明代李中立《本草原始》云："今以银夏者为佳，根长尺余，色白而软，俗呼银柴胡。"清代本草学家郭佩兰于1655年撰写的《本草汇》中提到："柴胡产银夏者，色微白而软，为银柴胡。用以治劳弱骨蒸，以黄牯牛溺浸一宿，晒干，治劳热试验。甘微寒无毒，行足阳明少阴，其性与石斛不甚相远，不但清热，兼能凉血"。1695年张璐编撰的《本经逢原》云："银柴胡，其性味与石斛不甚相远，不独清热，兼能凉血。凡人虚劳方中，惟银州者为宜。"首次将银柴胡从柴胡中分出，单独成为一味药材。1765年赵学敏编撰的《本草纲目拾遗》云："热在骨髓，非银柴胡莫疗……固虚热之良药。"自此，银柴胡逐渐从柴胡中分出，并被众多医者所重视，银柴胡退虚热、疗骨蒸、治热从髓出的效果远好于柴胡，随着近代植物分类学和生药学的发展，近代《中药学》

中明确指出柴胡属清凉解表药，而银柴胡属清虚热药，主治清晰，调理分明。至此，银柴胡从原植物和药用功能上完全与柴胡分离开来。

二、药典标准

银柴胡为石竹科植物银柴胡*Stellaria dichotoma* L. var. *lanceolata* Bge.的干燥根。春、夏间植株萌发或秋后茎叶枯萎时采挖；栽培品于种植后第三年9月中旬或第四年4月中旬采挖，除去残茎、须根及泥沙，晒干。

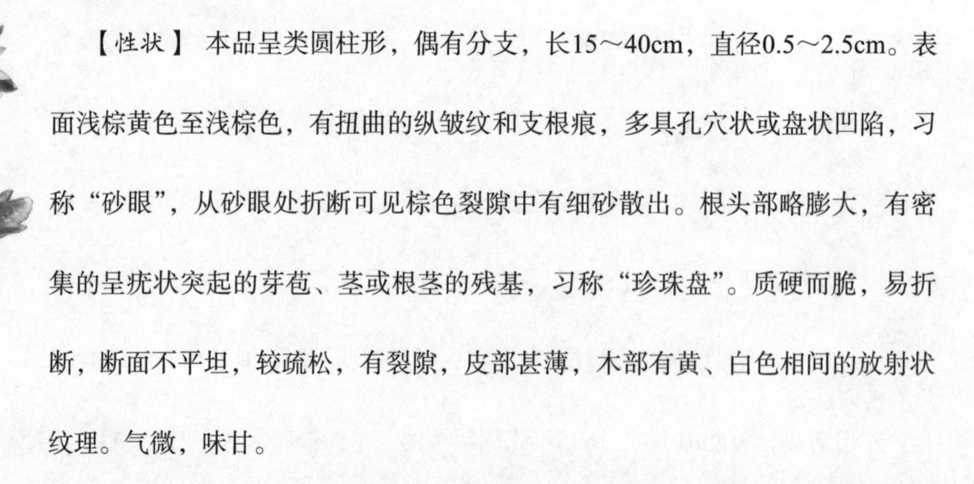

【性状】 本品呈类圆柱形，偶有分支，长15～40cm，直径0.5～2.5cm。表面浅棕黄色至浅棕色，有扭曲的纵皱纹和支根痕，多具孔穴状或盘状凹陷，习称“砂眼”，从砂眼处折断可见棕色裂隙中有细砂散出。根头部略膨大，有密集的呈疣状突起的芽苞、茎或根茎的残基，习称“珍珠盘”。质硬而脆，易折断，断面不平坦，较疏松，有裂隙，皮部甚薄，木部有黄、白色相间的放射状纹理。气微，味甘。

栽培品有分支，下部多扭曲，直径0.6～1.2cm。表面浅棕黄色或浅黄棕色，纵皱纹细腻明显，细支根痕多呈点状凹陷。几无砂眼。根头部有多数疣状突起。折断面质地较紧密，几无裂隙，略显粉性，木部放射状纹理不甚明显。味微甜。

【鉴别】（1）本品横切面木栓细胞数列至10余列。栓内层较窄。韧皮部筛管群明显。形成层成环。木质部发达。射线宽至10余列细胞。薄壁细胞含草酸钙砂晶，以射线细胞中为多见。

（2）取本品粉末1g，加无水乙醇10ml，浸渍15分钟，滤过。取滤液2ml，置紫外光灯（365nm)下观察，显亮蓝微紫色的荧光。

（3）取本品粉末0.1g，加甲醇25ml，超声处理10分钟，滤过，滤液置50ml量瓶中，加甲醇至刻度。照紫外-可见分光光度法（通则0401）测定，在270nm波长处有最大吸收。

【检查】 酸不溶性灰分不得过5.0%（通则2302)。

【浸出物】 照醇溶性浸出物测定法（通则2201）项下的冷浸法测定，用甲醇作溶剂，不得少于20.0%。

饮片

【炮制】 除去杂质，洗净，润透，切厚片，干燥。

【性味与归经】 甘，微寒。归肝、胃经。

【功能与主治】 清虚热，除疳热。用于阴虚发热，骨蒸劳热，小儿疳热。

【用法与用量】 3～10g。

【贮藏】 置通风干燥处，防蛀。

第6章

银柴胡现代研究与应用

一、化学成分

银柴胡的化学成分主要有甾醇类、环肽类、生物碱类、酚酸类、挥发油类、黄酮类、微量元素等。

1. 甾醇类

甾醇类包括α-菠甾醇（α-spinasterol）、豆甾-7-烯醇（stigmast-7-enol）、α-菠甾醇葡萄糖苷（α-spinasterol glucoside）、豆甾醇（stigmasterol）、豆甾-7-烯醇葡萄糖苷（stigmast-7-enol glucoside）、7-烯豆甾醇-3-棕榈酸酯（stigmast-7-en-3-ol -palmitate）、β-谷甾醇（β-sitosterol）、麦角甾醇-7-烯醇葡萄糖苷（Δ-7-ergostenol glucoside）及萝卜苷等。

2. 环肽类

环肽类包括五环肽化合物dichotomin E［cyclo（-Gly-Tyr-Ala-Phe-Ala-）］，六环肽化合物dichotomin A ～D［A：cycl（-Gly-Thr-Phe-Leu-Tyr-Val-）、B：cycl（-Gly-Thr-Phe-Lue-Thr-Thr-）、C：cycl（-Gly-Thr-Phe-Leu-Tyr-Thr-）、D：cycl（-Gly-Val-Gly-Phe -Tyr -Ile-）］，八环肽化合物dichotomin H ～K［H：cycl（-Ala-Pro-Thr-Phe-Tyr-Pro-Leu-Ile-）、I：cycl（-Val-Pro-Thr-Phe-Tyr-Pro-Leu-Ile-）、J：cyclo（-Gly-Pro-Leu-Ala-Pro-Phe -Ser-Pro-）、K：cyclo（-Gly-Gly-Try-Leu-Pro-Pro-Leu-Ser-）］， dichotomins F、G及银柴胡环肽A（stellaria cyclopeptide A）和银柴胡环肽B（stellaria cyclopeptide B）等。

3. 生物碱类

生物碱类包括β-咔啉类生物碱dichotomines A、B、C、D和dichotomides Ⅰ、Ⅱ，β-咔啉类生物碱苷glucodichotomine B等。

4. 酚酸类

酚酸类包括香草酸（vanillic acid）、二氢阿魏酸（dihydroferulic acid）、3,4-二甲氧基苯丙烯酸（3,4-dimethoxycinnamic acid）等。

5. 挥发油类

挥发油类包括各种萜类、烷醇类和酯类化合物，主要有2-甲基-5-异丙烯基-2，5-已二烯-1-乙酸酯、二甲基邻苯二甲酸酯、去乙酰基蛇形毒素、14-甲基十五烷酸甲酯、1-环戊烷苯、邻苯二甲酸二丁酯、糠醇、戊酸、己酸等。

6. 黄酮类

黄酮类包括5,7-二羟基-二氢黄酮（pinocembrin）、黄芩素（baicalein）、汉黄芩素（wogonin）等。

7. 其他化学成分

如5-羟甲基糠醛（5-hydroxymethyl-2-furfural），呋喃-3-羧酸、5-羟甲基-2-甲酰基吡咯（5-hydroxymethyl-2-formyl pyrrole）和香草醛

（vanillin）等。

此外银柴胡还含有多种微量元素，如镁、铝、磷、钙、铁、钴、铜、锌、钼、锡、硼等。

二、药理作用

现代药理学研究表明，银柴胡具有解热、抗炎、抗过敏、抗肿瘤、抗抑郁、抗焦虑、抗氧化、保护肝脏、降血脂、抗菌、扩张血管及抗溃疡等作用。

1. 解热作用

银柴胡水煎醇沉液与乙醚提取物具有解热作用，其解热作用与所含的α-菠甾醇有关。银柴胡水煎醇沉液对于伤寒、副伤寒甲乙三联菌苗致热的家兔具解热作用，且作用随生长年限增加而增强，生长年限在二年或二年以下的银柴胡无明显解热作用。银柴胡乙醚提取物对皮下注射酵母引起的大鼠体温升高有明显的降低作用。

2. 抗炎作用

银柴胡具有明显的抗炎作用，其作用与β-谷甾醇、α-菠甾醇及汉黄芩素等有关。

银柴胡乙醚提取物能够明显降低角叉菜胶所致的小鼠足肿胀度。α-菠甾醇对角叉菜胶及热烫性足肿胀、巴豆油气囊性肉芽组织增生均有明显的抑制作用。在脂多糖引起的小鼠炎症反应中，α-菠甾醇可以减少炎症细胞的浸润。在脂多糖引起的BV2小胶质细胞炎症反应中，α-菠甾醇可以抑制炎症调节因子的表达。以上抗炎作用机制可能与抑制前列腺素E_2、组胺、5-羟色胺及缓激肽等炎症介质的活性，抑制白细胞游走有关。α-菠甾醇的抗炎作用不依赖肾上腺垂体系统，但对肾上腺皮质功能有明显的促进作用。

β-谷甾醇可以降低组胺诱发的小鼠毛细血管通透性，可以明显抑制大鼠角叉菜胶性足肿胀，抑制巴豆油气囊引起的肉芽组织增生等。以上抗炎作用机制可能与抑制前列腺素E_2、组胺、5-羟色胺及缓激肽等炎症介质的活性有关。β-谷甾醇可增强阿司匹林的抗炎作用、降低阿司匹林介导的胃黏膜损伤，其作用机制可能与提升血清一氧化氮含量、抑制肿瘤坏死因子α（tumor necrosis factor alpha，TNF-α）的聚集与释放有关。β-谷甾醇可以阻止TNF-α和白介素6（interleukin-6，IL-6）的释放并下调核因子κB（nuclear factor-κB，NF-κB）的表达，从而保护细菌脂多糖（lipopolysaccharides，LPS）所致的小鼠急性肺损伤。

汉黄芩素具有抗炎作用，能够抑制流感病毒感染后肺泡巨噬细胞内各种炎症相关因子的产生，并通过抑制Toll样受体7（Toll like receptor-7，TLR-7）介导的MyD88依赖性信号通路，抑制NF-κBp65的核转位及表达。汉黄芩素可以抑制脂多糖诱导的小胶质细胞分泌一氧化氮，IL-6及TNF-α等炎症因子。汉黄

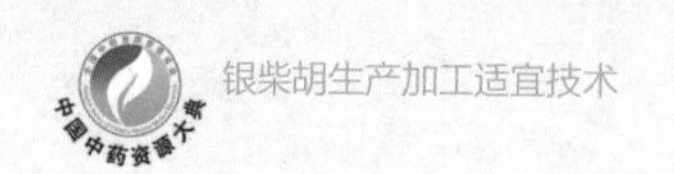

芩素也可以通过激活ROS/ERK/Nrf2信号通路，发挥抗炎作用，保护软骨细胞，从而治疗骨关节炎。

3. **抗过敏作用**

银柴胡提取物、银柴胡胺D和银柴胡木脂素-β-D-葡萄糖苷A可以抑制RBL-2H3细胞内β-已糖胺酶释放的活性，并可抑制IL-4和TNF-α的释放。此外，银柴胡中β-咔啉类生物碱具有明显的抗过敏活性。

银柴胡水提物对小鼠耳被动皮内变态反应具有抗应变性。在小鼠皮肤迟发型超敏反应模型中，由银柴胡、防风、乌梅等组成的复方具有良好的抗过敏作用。

4. **抗肿瘤作用**

银柴胡中的多肽H、I、J和K对P388细胞具有中度抑制作用，提示这些成分具有体外抗肿瘤的活性。β-谷甾醇通过上调共刺激细胞PFP、GraB和IFN-γ的表达，使p-ERK1/2和Bcl-2活化，促进共刺激细胞的增殖，增强其对胃癌SGC-7901细胞的杀伤活性。

β-谷甾醇使细胞周期阻滞在G_2/M期，豆甾醇使细胞周期阻滞在S期和G_2/M期，两种化合物均能抑制人肝癌细胞SMMC-7721的增殖和诱导细胞凋亡。β-谷甾醇可通过线粒体途径以及细胞膜表面死亡受体途径诱导细胞凋亡，抑制肝癌HepG2细胞生长。β-谷甾醇能激活Caspase-3和Caspase-9，促进Bax的表达和细胞色素C释放，抑制Bcl-2和cIAP-1的表达而诱导人结肠癌细胞HT-116凋亡。此外，β-谷甾醇对乳腺癌、前列腺癌、肺癌、白血病等均具有较好的防治作用。

汉黄芩素对多种癌细胞，如肺癌、肝癌、乳腺癌、胃癌、卵巢癌等具有杀灭作用。其抗肿瘤的主要环节有：①抑制肿瘤细胞的增殖与生长，诱导肿瘤细胞凋亡。②抑制肿瘤细胞的侵袭和转移。③影响肿瘤细胞能量代谢。④抑制肿瘤血管生成。⑤促进机体免疫细胞杀伤肿瘤细胞。⑥抑制肿瘤早期的炎症发展。⑦增强肿瘤细胞对药物的敏感性，提高抗肿瘤药物的作用。

5. 抗抑郁、抗焦虑作用

α-菠甾醇作为一种植物性来源的类固醇甾体化合物，是一种新型的瞬时受体拮抗剂，可以发挥抗抑郁和抗焦虑的作用，其抗抑郁作用可能与降低诱导型一氧化氮合酶的活性、降低一氧化氮水平有关。

6. 抗氧化作用

豆甾醇既可有效抑制A7r5细胞内由血管紧张素Ⅱ引起的活性氧簇（reactive oxygen species，ROS）的生成，又可提高超氧化物歧化酶（superoxide dismutase，SOD）和过氧化氢酶（catalase，CAT）活性，从而改善细胞因脂质沉积引起的氧化应激状态。但其抗氧化作用在一定浓度范围内呈剂量-效应关系，而超过一定浓度时，其抗氧化效果反而下降。

β-谷甾醇对羟自由基和超氧阴离子自由基具有较强的清除能力，与维生素C、枸橼酸合用时，具有协同增效作用。β-谷甾醇减轻脂质过氧化的效果优于豆甾醇，提示植物甾醇在细胞体内发挥抗氧化活性可能具有不同的调控机制。

7. 保护肝脏、降血脂作用

豆甾醇与β-谷甾醇可改善非乙醇性脂肪肝动物的肝细胞脂肪变性程度，减轻氧化应激反应。此外，β-谷甾醇可以降低高脂膳食喂养后大鼠血清三酰甘油的含量，其机制可能为增强了过氧化物酶体增殖物激活受体α的表达，加速脂肪酸氧化，从而减少TG在肝脏中的积累。

汉黄芩素用于高脂血症小鼠，可以降低总胆固醇、低密度脂蛋白，提高肝脂酶及脂蛋白脂酶活性。

8. 抗菌作用

β-谷甾醇能够抑制金黄色葡萄球菌、大肠埃希菌和枯草芽孢杆菌。从银柴胡根部分离出的糠醇有抗菌作用。

9. 扩张血管作用

银柴胡中的环肽J、K能扩张鼠大动脉血管，抑制去甲肾上腺素诱导的大动脉血管收缩，表现出温和地舒张鼠大动脉血管的作用。

10. 其他作用

豆甾醇可以抑制刚果锥虫虫体的增殖，并通过抑制唾液酸酶的活性改善大鼠贫血状态。β-谷甾醇能对乙酸诱发的小鼠胃溃疡有保护作用，且对慢性乙酸型胃溃疡有保护作用，并对阿司匹林引起的胃黏膜损伤有保护作用。

三、应用

（一）临床常用

1. 阴虚发热、劳热骨蒸

银柴胡味甘补虚，微寒清热，退热而不苦泄，理阴而不升腾，为阴虚发热常用药。用于阴虚发热，骨蒸劳热，潮热盗汗，多与地骨皮、青蒿、鳖甲、知母等同用，如《证治准绳》清骨散：银柴胡、胡黄连、鳖甲（醋炙）、青蒿、秦艽、地骨皮、知母、甘草，水煎服。若温病后期，余热未尽及久疟伤阴，体虚低热者，可与青蒿、白薇、生地黄、鳖甲、知母等相伍，以清泄阴分邪热。治男妇虚劳发热、咳或不咳，银柴胡和沙参各两钱，水煎服。治温证潮热，身体枯瘦，皮肤甲错，消瘦而不润泽者，与鳖甲配伍使用，如《温证指归》银甲散：银柴胡二钱、鳖甲三钱。

2. 小儿疳积发热

银柴胡能清虚热、消疳热，故用治小儿食滞或虫积所致的疳积发热、腹大肢瘦、毛发焦枯等症，常与党参、白芍、胡黄连、地骨皮等补虚清热药配伍；夹食滞者，多配伍鸡内金、山楂等消积化滞药；兼有虫积者，常配伍槟榔、使

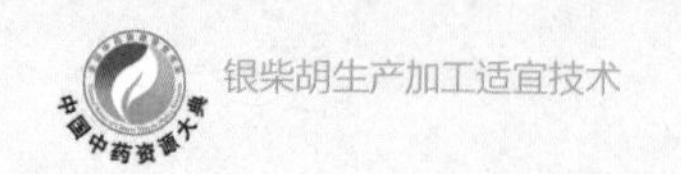

君子等驱虫药，以共奏补虚清热、消积杀虫疗疳之效；亦可与栀子、人参、薄荷等同用，如《证治准绳》的柴胡清肝汤。凡小儿疳积，日久化热，症见烦渴躁急者，多与栀子、黄芩、连翘等合用。银柴胡配伍胡黄连、蟾蜍干、牡丹皮等，制成散剂或煎剂，亦可用于治疗小儿疳积身热。银柴胡与西瓜翠衣、沙参等养阴解暑药同用，可用于小儿夏季热。

（二）现代医学应用

1. 治疗感冒高热

柴葛解毒汤：银柴胡10g、柴胡15g、黄芩10g、葛根15g、薄荷10g、金银花15g、连翘10g、板蓝根30g、桔梗10g、鲜芦根50g、蒲公英20g。此方加荆芥穗12g、花粉12g，用于治疗体温39.5℃的26岁男性患者，服两剂后热退病除。银柴胡3g、柴胡6g、黄芩5g、葛根6g、薄荷4g、金银花6g、连翘4g、板蓝根8g、桔梗3g、鲜芦根10g、蒲公英8g、生石膏15g、青蒿6g，用于治疗体温40℃，11个月大的女患儿，服一剂后汗出热退。后以竹叶石膏汤加减，服两剂后痊愈。

青柴汤：青蒿、银柴胡、牡丹皮、白薇和地骨皮为基本方，随症加减，用于治疗50例发热或低烧的患儿，取得了较好的疗效。

以青蒿15～30g、银柴胡12～15g、白芷6～10g、辛夷6～10g为基本方，偏于风寒加荆芥10g、防风10g；偏于风热加金银花15g、连翘10g；偏于寒湿，加苍术10g、薏苡仁12g；夏季加藿香12g、佩兰12g；周身酸痛轻者加秦艽10g，葛根15g；周身酸痛重者加羌活10g、独活10g；咽痛加山豆根10g、桔梗6g；咳嗽加杏仁10g、川贝母10g；体虚者加太子参15g。用于治疗感冒高热39℃以上164例，服药一剂后治愈率为99.1%，基本上在服药后24小时内，体温降至正常范围，最快在服药后4～6小时，体温恢复正常，且不再回升。

银柴胡丹皮汤：银柴胡9～15g、牡丹皮9～15g、羌活6g、石膏12g、知母9g、黄芩6g、板蓝根6g、芦根9g、生甘草3g。对小儿外感高热有较好的治疗效果，退热作用较明显，共治疗小儿外感高热56例，多次温服，每日两剂，2天后治愈39例，好转13例，无效4例，总有效率92.86%。

2. 治疗恶性肿瘤发热

癌热宁栓剂：银柴胡、地骨皮、虎杖、白花蛇舌草等药组成。方中银柴胡、地骨皮为君药，以清热解毒，凉血生津。用于治疗癌症发热30例，有效率为86.7%，退热作用持久而稳定，能提高癌症患者食欲、睡眠等生活质量，且无明显不良反应。

3. 产后高热

柴葛解毒汤加党参10g、当归10g、荆芥穗10g，用于治疗24岁女患者，产后5天开始发高烧，持续4天，体温在38.0～39.5℃。服用一剂，热降至38.5℃，前方加青蒿12g，服用两剂，热退，体温37.5℃。

4. 治疗慢性腮腺炎、扁桃体炎

化瘀清毒汤：银柴胡6g、蒲公英20g、夏枯草15g、赤芍15g、山豆根10g、玄参10g、炮穿山甲10g。方中银柴胡清热凉血，有中和内毒素的作用。全方配伍还能提高机体的免疫功能。热毒重者加黄芩15g、金银花20g；肿块消退缓慢者加海藻15g、莪术12g；气血虚者加黄芪20g、党参15g。水煎煮，每日一剂，分3次温服。15天为1个疗程。用于治疗慢性腮腺炎18例，均告痊愈。此18例患者均曾用多种抗生素反复治疗无效。

柴葛解毒汤用于治疗9岁男患儿，症状：体温38.8℃，两腮红肿疼痛，服用一剂后热稍退，两腮红肿疼痛减轻。柴葛解毒汤加大黄6g、生石膏20g，服用一剂，退烧，两腮红肿消失。柴葛解毒汤加山豆根10g、马勃8g、大黄10g，用于治疗16岁女患者，症状：体温39.5℃，双侧扁桃体红肿，有脓性白点，吞咽困难，疼痛。服用两剂后，热退，扁桃体红肿得到缓解，脓性白点消失。

5. 小儿麻疹后肺炎

自拟方：青蒿、银柴胡、牡丹皮、白薇和地骨皮，用于治疗麻疹后期的小儿肺炎19例，取得了满意效果。

6. 治疗肺结核发热

盘肠草汤：盘肠草60g、夏枯草20g、百部10g、银柴胡15g、黄芩15g、地骨皮12g、川百合15g、石斛15g、女贞子15g、甘草15g。本方具有清虚热，退骨蒸功效。养五脏之阴，清肺火，用于结核发热。31岁男性肺结核患者，发热39℃，10多天未退，用盘肠草汤加减，服用五剂后，体温恢复正常。

7. 治疗过敏性疾病

过敏煎：银柴胡10g、防风10g、乌梅10g、五味子10g、甘草5g，以此方或此方的加减方治疗许多过敏性疾病均有良好的疗效。

采用银柴胡12g、防风12g、乌梅15g、五味子12g、炙甘草6g、辛夷12g、牡丹皮12g、黄芪15g、白术12g组成的复方，用于治疗过敏性鼻炎。

由银柴胡、防风、乌梅、五味子、甘草、胡黄连、白芷、钩藤、蝉蜕、荆芥、紫菀、百部、炒白术组成的复方，用于治疗儿童咳嗽变异性哮喘。

由银柴胡10～15g、金沸草20～30g、白芍20～30g、炙甘草10～15g、防风20～15g、乌梅10～15g、五味子10～15g、鱼腥草30～60g组成的方剂，并随症加减，用于治疗干性咳嗽158例，获得较好效果。

由银柴胡10g、防风10g、乌梅10g、五味子10g、甘草5g、蝉衣10g、桔梗10g、杏仁10g、浙贝母10g组成的方剂，用于治疗外感久咳。

由银柴胡10g、荆芥10g、防风10g、五味子6g、乌梅10g、黄芪15g、白术10g、黄芩10g、甘草6g组成的复方，用于治疗慢性荨麻疹。

由银柴胡、防风、五味子各12g，乌梅、蝉蜕各9g，僵蚕15g，苦参20g组成的复方，并随症加减，用于治疗过敏性、瘙痒性皮肤病，包括湿疹、荨麻疹、瘙痒症、神经性皮炎、药疹。

由银柴胡、防风、乌梅、荆芥、五味子、蝉衣组成的过敏饮为主方，随症加减用于慢性荨麻疹、过敏性鼻炎、哮喘、自敏性皮炎、湿疹、接触性皮炎等过敏性疾病，颇有验效。

抗过敏煎：银柴胡、防风、乌梅、五味子各12g，用于治疗过敏性哮喘48例，有效率达93.6%。

七味过敏煎：银柴胡、防风、五味子各12g，乌梅、蝉蜕各9g，僵蚕15g，苦参20g为主方，并随症加减。治疗过敏性皮肤病45例（荨麻疹15例，湿疹14例，瘙痒症8例，神经性皮炎4例，药疹2例，过敏性紫癜1例，接触性皮炎1例），总有效率97.78%。

8. 治疗视网膜静脉阻塞、眶上神经痛

银柴胡具有"明目益精"之功，庞赞襄在其书《中医眼科临床实践》中共列内服用药66方，其中有26方中用银柴胡，共48处使用，在治疗视乳头炎、球后视神经炎、皮质盲、中心性浆液性脉络膜视网膜病变、视网膜色素变性等眼疾，方中均用银柴胡。

生地凉血饮：生地黄12g、银柴胡10g、生蒲黄10g、石决明15g、决明子10g、水牛角50g、荷叶10g、丝瓜络10g、赤芍10g、丹参10g，并随症加减。用于治疗视网膜静脉阻塞疾病11例，20～30天为1个疗程，连续治疗1～3个疗程。

治愈2例，显效4例，有效1例，视力大多在一周左右开始提高，2周后出现明显疗效，约在2个月左右出血基本吸收。

自拟方：银柴胡10g、黄芩10g、夏枯草15g、荆芥10g、防风10g、赤芍10g、白芷10g，水煎服，每日一剂。毫针疗法：攒竹、太阳、风池，每日一次。以上12天为1疗程。以上疗法配合地塞米松治疗眶上神经痛50例，治愈25例，显效15例，有效8例，无效2例，总有效率96%。单纯使用地塞米松治疗的总有效率为66.6%。表明，中西医结合治疗此病明显优于单纯的西医治疗。

9. 治疗小儿腹泻

过敏煎：银柴胡、防风、乌梅、五味子各12g，甘草6g，每天一剂，分早晚两次服用，用于治疗274例4个月到5岁的腹泻患儿，总有效率为98.5%，能够缩短患儿的治疗时间，提高患儿的机体免疫力，改善患儿预后。

10. 治疗盗汗

滋阴固涩汤：熟地黄、生地黄、黄芪、麦门冬各25g，黄连、黄柏各15g，五味子、白芍各20g，汗出多者，加牡蛎、浮小麦各15g以固涩敛汗；潮热甚者，加秦艽、银柴胡各15g以退虚热。治疗盗汗32例，均治愈，取得满意疗效。其中服三剂而汗止者16例；五剂汗止者10例；八剂汗止者6例。

（三）食疗及保健

清热保健茶：银柴胡15g、地骨皮20g、蜂蜜30g。将银柴胡、地骨皮洗净，入锅，加适量水，先用大火煮沸，再改以小火煎煮30分钟，去渣取汁，等药液转温后兑入蜂蜜即成。具有滋阴、退热之功效，适用于乙型肝炎阴虚内热型低热不退、五心烦热等症。

第7章

银柴胡开发与发展

一、现代开发途径

银柴胡为传统中药，除加工成中药饮片用于临床外，主要用于中成药的生产中。目前市场上销售的含有银柴胡的中成药主要有乌鸡白凤膏、乌鸡白凤丸、乌鸡白凤分散片、乌鸡白凤片、乌鸡白凤软胶囊、乌鸡白凤颗粒、参茸鹿胎丸、参茸鹿胎膏、同仁乌鸡白凤丸、同仁乌鸡白凤口服液、同仁乌鸡白凤胶囊、女宝胶囊、小儿珍珠镇惊丸等产品。

从中华人民共和国国家知识产权局专利检索及分析数据库以检索因子“银柴胡”查询，1992—2017年9月24日共查得银柴胡已申报专利达775项，其中授权专利143项，申请时间从1996—2015年，由于2015年2月申报的专利是2017年9月15日公布的授权公告，仅1项，2017年目前尚未结束，因而统计2015年银柴胡相关专利不科学，我们选择1996年4月1日至2014年8月15日申请，1999年11月17日至2017年9月1日公布授权公告的专利进行统计，统计结果见图7-1。

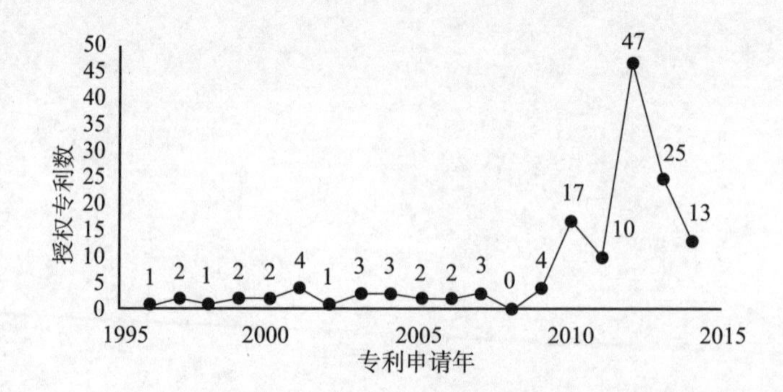

图7-1　1996—2014年申请与银柴胡有关的已授权专利

由上图可知，目前与银柴胡有关的授权专利共143项，其中用于中药的专利达130项，占已授权专利的90.91%，用于兽药的专利3项、化妆或保健品的4项、饲料或生长促进剂的4项。在这143项授权专利中，仅2010—2014年申请，目前已授权专利达112项，占已授权专利的78.32%，其中仅2012年申请的专利，被授权的高达47项，而1996—2009年申请的被授权专利仅30项，占已授权专利的20.98%，可见银柴胡最近几年开发力度很大，发展速度较快，产业发展有了明显的进步。银柴胡产品的开发与蓬勃发展，必然增加药材用量，有力地带动了银柴胡栽培面积的不断扩大。

二、市场动态及发展前景

银柴胡为常用中药，除加工成饮片与中药配方颗粒用于临床外，主要用于乌鸡白凤丸、参茸鹿胎丸等中成药生产，因此银柴胡开发应用的主要目标是供应充足的、质量优良的中药材与中药饮片，以满足市场需求。据1957—1983年统计（表7–1），银柴胡的产量与需求量均逐年增加，1978年全国年产银柴胡达400多吨，年销售银柴胡350吨，可维持供需平衡。1983年全国银柴胡产量锐减至137.7吨，而其年销量达最大，为364吨，已经难以维持产销平衡。1983年银柴胡销售量为1957年销售量的5.08倍，产量为1957年的3.34倍。目前全国银柴胡年需求量达700～1000吨，市场供应银柴胡已由1983年前以野生药材为主，发展成为以栽培药材为主。

根据全国中药材市场1999—2017年的银柴胡价格变化（图7-2），2005年银柴胡价格最低，仅每千克6.5元，2012年银柴胡价格较高，统货达每千克90元，银柴胡价格最高年份是最低年份的13.86倍。2016—2017年银柴胡统货价格在每千克28元左右，以每亩产300kg计，每亩银柴胡产值8400元左右。这个效益与旱作农业区农牧业生产效益相比，具有较大优势。随着近年来银柴胡开发热度的不断提升，银柴胡产品的日益增多，市场对银柴胡需求量的增大是刚性的，因而开展银柴胡栽培，建立规范种植基地，对于满足银柴胡市场需求十分必要。

表7-1　全国银柴胡产、销量统计（含山银柴胡）

年度	1957	1960	1965	1970	1978	1983
产量（kg）	41 242	138 034	194 301	314 436	408 840	137 714
销量（kg）	71 691	110 049	138 364	353 973	352 788	364 134

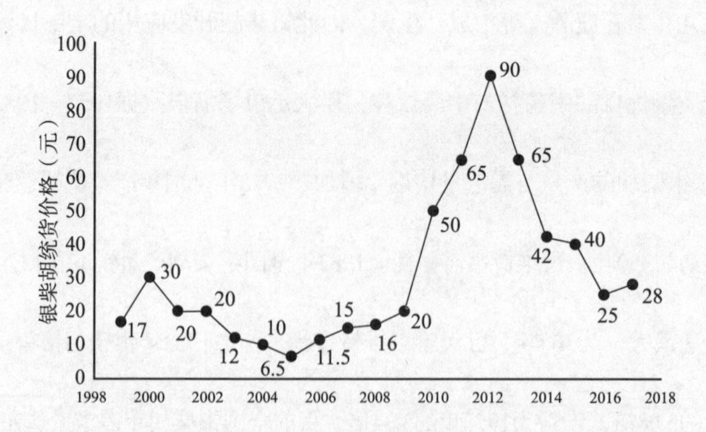

图7-2　1999—2017年全国中药材市场银柴胡统货价格

参考文献

[1] 范莉. 银柴胡的化学成分研究及质量标准研究［D］. 北京：北京中医药大学，2003.

[2] 鲍瑞，韦红，邢世瑞. 宁夏人工种植银柴胡不同区域适应性研究［J］. 农业科学研究，2006，27（3）：49-53.

[3] 内蒙古植物志编辑委员会. 内蒙古植物药志：第一卷［M］. 内蒙古：内蒙古人民出版社：2000.

[4] 贾敏如，李星炜. 中国民族药志要［M］. 北京：中国医药科技出版社，2005.

[5] 肖培根. 新编中药志：第一卷［M］. 北京：化学工业出版社，2002.

[6] 余复生，邢世瑞，刘景林，等. 银柴胡生物学特性及其栽培技术［J］. 中国中药杂志，1992，17（12）：717-719.

[7] 杨小军，丁永辉. 银柴胡资源及其可持续利用的研究［J］. 中药材，2004，27（1）：7-8.

[8] 滕炯. 银柴胡本草原植物的探讨［J］. 中药通报，1985，10（4）：15-16，8.

[9] 于凯强，焦连魁，任树勇，等. 中药银柴胡的研究进展［J］. 中国现代中药，2015，17（11）：1223-1229.

[10] 宋运鲁，刘惠. 银柴胡及其伪品长蕊石头花的鉴别［J］. 时珍国药研究，1998，9（2）：156-156.

[11] 中国科学院中国植物志编辑委员会. 中国植物志［M］. 北京：科学出版社，2004.

[12] 王悦，王大平，吕秀茂，等. 银柴胡野生变家种技术［J］. 中药材，1991，14（4）：11-12.

[13] 尚博杨. 宁夏栽培银柴胡质量分析的研究［J］. 宁夏医学杂志，2012，34（5）：451-452.

[14] 张学良，赵德华，张文懿，等. 银柴胡中总甾醇含量测定的方法学研究［J］. 宁夏医学杂志，2012，34（2）：126-127.

[15] 邢世瑞. 宁夏中药志［M］. 宁夏回族自治区：宁夏人民出版社，2006.

[16] 陈士林，魏建和，孙成忠，等. 中药材产地适宜性分析地理信息系统的开发及蒙古黄芪产地适宜性研究［J］. 世界科学技术-中医现代化工，2006，8（3）：47-52.

[17] 马伟宝，谢彩香，陈君，等. 基于野生银柴胡的产地适宜性分析［J］. 中国现代中药，2017，19（5）：684-687.

[18] 中国药典编写委员会. 中华人民共和国药典：一部［M］. 北京：中国医药科技出版社，2015.

[19] 臧载阳. 柴胡和银柴胡［J］. 南京中医学院学报，1989，28（2）：45-46.

[20] 刘明生，陈英杰. 野生银柴胡甾醇类成分研究［J］. 沈阳药学院学报，1993，10（2）：134-135.

[21] 孙博航，吉川雅之，陈英杰，等. 银柴胡的化学成分［J］. 沈阳药科大学学报，2006，23（2）：84-87.

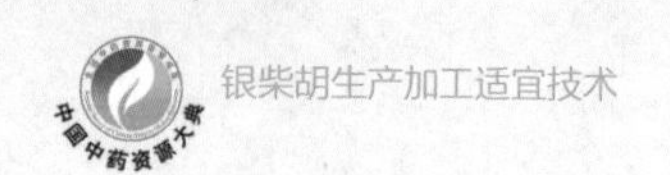

[22] 陈兴荣，胡永美，汪豪，等. 繁缕的黄酮类化学成分研究 [J]. 现代中药研究与实践，2005，19（4）：41-43.

[23] 陈英杰，刘明生，王英华，等. 银柴胡化学成分的研究 [J]. 中国药物化学杂志，1990，1（试1）：73-74.

[24] 刘明生，陈英杰，王英华，等. 银柴胡环肽类研究 [J]. 药学学报，1992，27（9）：667-669.

[25] YIN L，XIN L，YU F，et al. Radix Stellariae extract prevents high-fatdiet-induced obesity in C57BL/6 mice by accelerating energy metabolism [J]. Peer Journal，2017：1-12.

[26] SUN B，MATSUDA H，WU LJ，et al. Bioactive constituents from Chinese natural medicines. XIV. New glycosides of beta-carbolinetype alkaloid，neolignan，and phenylpropanoid from *Stellaria dichotoma* L. var. *lanceolata* Bge. and their antiallergic activities [J]. Chem Pharm Bull，2004，52（10）：1194-1199.

[27] 刘明生，陈英杰. 银柴胡挥发油的研究 [J]. 沈阳药学院学报，1991，8（2）：134-136.

[28] MORITA H，KAYASHITA T，SHISHIDO A. Cyclic peptides from higher plants. 26. Dichotomins A-E，new cyclic peptides from *Stellaria dichotoma* L. var. *lanceolata* Bge. [J]. Tetrahedron，1996，52（4）：1165.

[29] MORITA H，TAKEYA K，ITOKAWA H. Cuclic octapeptides from *Stellaria dichotoma* L. var. *lanceolata* Bge. [J]. Phytochemistry，1997，45（4）：84.

[30] 叶方，杨光义，王刚，等. 银柴胡的研究进展 [J]. 医药导报，2012，31（9）：1174-1177.

[31] KLEIN-JUNIOR LC，MEIRA NA，BRESOLIN TM，et al. Antihyperalgesic activity of the methanol extract and some constituents obtained from Polygala cyparissias（Polygalaceae）[J]. Basic Clin Pharmacol Toxicol，2012，111（3）：145-53.

[32] TREVISAN G，ROSSATO MF，WALKER CI，et al. Identification of the plant steroid alpha-spinasterol as a novel transient receptor potential vanilloid 1 antagonist with antinociceptive properties [J]. J Pharmacol Exp Ther，2012，343（2）：258-269.

[33] KLEIN LC J，GANDOLFI RB，SANTIN JR，et al. Antiulcerogenic activity of extract，fractions，and some compounds obtained from Polygala cyparissias St. Hillaire & Moquin（Polygalaceae）[J]. Naunyn Schmiedebergs Arch Pharmacol，2010，381（2）：121-126.

[34] 刘岩松，孙东健，郭玉成. 过敏煎对DNCB所致皮肤迟发型超敏反应的影响 [J]. 承德医学院学报，2010，27（1）：99-100.

[35] SUN B，MORIKAWA T，MATSUDA H，et al. Structures of new beta-carboline-type alkaloids with antiallergic effects from stellaria dichotoma（1，2）[J]. J Natural Products，2004，67（9）：1464-1469.

[36] 周学池．青蒿银柴胡为主治疗感冒高热［J］．实用中医内科杂志，1988，2（3）：131．
[37] 霍锡坚．化瘀清毒汤治疗慢性腮腺炎［J］．四川中医药，1994，1：36．
[38] 余守雅．固本退热汤治疗恶性肿瘤发热 30例［J］．陕西中医，2010，31（8）：1021-1022．
[39] 贾英杰，孙一予，章伟，等．癌热宁栓剂直肠给药对癌性发热内源性致热源影响的研究［J］．天津中医药，2009，26（3）：221-222．
[40] 刘立席，谢安树．银柴胡丹皮汤治疗小儿外感高热56例［J］．四川中医，2004，22（4）：63-64．
[41] 邓晓舫，张淑芳．辛乌汤治疗过敏性鼻炎的疗效观察［J］．乐山医药，1989（3）：1-2．
[42] 李德新．祝湛予运用过敏煎的经验［J］．浙江中医杂志，1988（4）：150．
[43] 黄万钧，陈大忠．过敏煎治疗交感过敏症一例［J］．江苏中医，1994，15（6）：25．
[44] 陈明岭．七味过敏煎治疗过敏性、痒性皮肤病［J］．四川中医，1993（4）：37-38．
[45] 崔春燕．脱敏汤治疗过敏性疾病73例［J］．河北中医，2002，24（3）：172．
[46] 刘立华，聂永祥．祝谌予过敏煎验案举隅［J］．河南中医药学刊，1994，9（4）：18．
[47] 潘云林，潘春林．“生地凉血饮”治疗视网膜静脉阻塞11例［J］．江西中医药，1994，25：84．
[48] 宋雪锦．中西医结合治疗眶上神经痛80例［J］．天津中医，1998，15（1）：11．
[49] 庞赞襄．中医眼科临床实践［M］．石家庄：河北人民出版社，1976：5．
[50] 康玮，张丽霞，高健．庞赞襄用银柴胡治疗眼病之探讨［J］．中国中医眼科杂志，2007，17（4）：229-230．
[51] 任雅丽．茅根止血汤治疗鼻出血57例［J］．陕西中医，1997，18（2）：79．
[52] 黄贵荣．止血汤治疗鼻衄87例［J］．陕西中医，1997，18（10）：464．
[53] 徐国东，曲滨玲．滋阴固涩汤治疗盗汗32例［J］．中医药学报，2000（2）：10．
[54] 黄兆胜．中药学［M］．北京：人民卫生出版社，2002：130．
[55] 邓中甲．方剂学［M］．北京：中国中医药出版社，2003：119．
[56] 于凯强，焦连魁，任树勇，等．中药银柴胡的研究进展［J］．中国现代中药，2015，17（11）：1226-1227．
[57] 张海波，刘冬敏，王志强，等．过敏煎汤治疗小儿腹泻274例［J］．陕西中医，2014，35（7）：815-816．
[58] 彭成．中华道地药材（下）［M］．北京：中国中医药出版社，2013：4269-4276．
[59] 国家中医药管理局中华本草编委会．中华本草：第六卷［M］．上海：上海科学技术出版社，1999：2795-2796．
[60] 农作物种子检验规程扦样：GB/T 3543. 2—1995［S］．北京：中国标准出版社，1995．